＼ 頭にしみこむ ／
メモリータイム！

# 寝る前 5 分
# 暗記ブック

## 高校 生物基礎

### 改訂版

Gakken

# もくじ

## この本の特長と使い方

### ★ この本の特長

# 暗記に最も適した時間「寝る前」で、効率よく暗記!

　この本は,「寝る前の暗記が記憶の定着をうながす」というメソッドをもとにして,高校生物基礎の重要なところだけを集めた参考書です。
　暗記に最適な時間を上手に活用して,高校生物基礎の重要ポイントを効率よくおぼえましょう。

### ★ この本の使い方

　この本は,1項目2ページの構成になっていて,5分間で手軽に読めるようにまとめてあります。赤フィルターを使って,赤文字の要点をチェックしてみましょう。

①1ページ目の「今夜おぼえること」では,その項目の重要ポイントを,ゴロ合わせや図解でわかりやすくまとめてあります。

②2ページ目の「今夜のおさらい」では,1ページ目の内容をやさしい文章でくわしく説明しています。読み終えたら,「寝る前にもう一度」で重要ポイントをもう一度確認しましょう。

1章

★ 今夜おぼえること

😺 多様性は進化の証（あかし）。

🌙 共通性は祖先が同じである証。

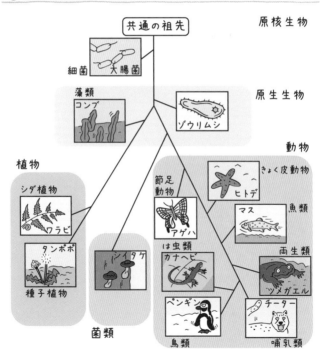

共通の祖先　　　　　　　　　　原核生物

細菌　大腸菌

藻類　コンブ　　　　　　　　　　　原生生物

ゾウリムシ

動物

植物　　　　　　　　　　　　　　　　きょく皮動物　ヒトデ

シダ植物　ワラビ　　節足動物　アゲハ

タンポポ　　　　　　　　　　魚類　マス

種子植物　シイタケ　　は虫類　カナヘビ

両生類　ツメガエル

ペンギン　　チーター

菌類　　　　　　　鳥類　　哺乳類

❀ 生物が 進化 を続けたことで, 生物の 多様性 が生じ,
地球上のさまざまな環境に適応できるようになりました。

前のページの図は系統樹とよばれるよ。

☾ 生物にはいくつかの 共通点 があります。

・からだが 細胞 でできています。

・生命活動に エネルギー を利用しています。

・遺伝物質として DNA をもち, 親から子へ受け継がれます。

・体内の状態を一定に保つしくみをもっています。

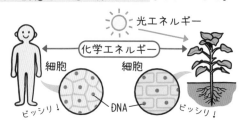

光エネルギー

化学エネルギー

細胞　　　　細胞

ビッシリ！　　DNA　　ビッシリ！

これらのことから, 生物は 共通の祖先 をもつことがわかり
ます。

💤 寝る前にもう一度

❀ 多様性は進化の証。

☾ 共通性は祖先が同じである証。

★ 今夜おぼえること

## ✿核のあり・なしが決める原核・真核細胞。

1章

原核細胞（核なし）　　真核細胞（核あり）

DNA

大腸菌　　　　　植物細胞

核

動物細胞

## ☽原核細胞→原核生物。
## 真核細胞→真核生物。

原核生物はすべて単細胞生物。
真核生物は単細胞生物と多細胞
生物のどちらもいるよ。

❀ 原核細胞には 核 がなく、DNAは細胞内に局在しています。細胞の大きさは真核細胞よりも小さく、 細胞小器官 もありません。真核細胞には核膜で囲まれた 核 や、ミトコンドリアや葉緑体などの 細胞小器官 があります。

原核細胞と真核細胞は、「遺伝子の本体のDNAをもつ」「細胞膜によって外界と隔てられている」などの共通点があるよ。

☾ 原核細胞でできた 原核生物 には、大腸菌やシアノバクテリアなどの細菌が含まれます。真核生物には、動物や植物、 菌類 などが含まれます。

原核生物＝細菌

真核生物＝それ以外

大腸菌　　シアノバクテリア

細菌

動物

植物

キノコ

カビ

菌類

z_z 寝る前にもう一度

❀ 核のあり・なしが決める原核・真核細胞。

☾ 原核細胞→原核生物。真核細胞→真核生物。

★ 今夜おぼえること

✿ゴチャゴチャしている**真核細胞。**

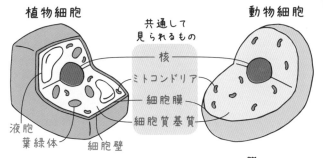

植物細胞　　　共通して　　　　　動物細胞
　　　　　　　見られるもの
　　　　　　　　　核
　　　　　　ミトコンドリア
　　　　　　　細胞膜
　　　　　　　細胞質基質
液胞
葉緑体　　細胞壁

植物細胞だけに見られるのは,
葉緑体, 細胞壁, 発達した液胞!

🌙**1個の細胞→単細胞生物。**

**多数の細胞→多細胞生物。**

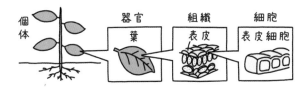

個体　　　　　　器官　　　　組織　　　　細胞
　　　　　　　　　葉　　　　表皮　　　表皮細胞

✿ **真核細胞**には，核と 細胞質 があります。核の中には
DNA が入っています。

細胞質には**呼吸**に関与する ミトコンドリア や光合成を行
う 葉緑体 のような**細胞小器官**が多くあり，そのすきまを
細胞質基質 （サイトゾル）が埋めています。

|  |  | 植物細胞 | 動物細胞 |
|---|---|:---:|:---:|
| 核（DNA） |  | ○ | ○ |
| 細胞質 | ミトコンドリア | ○ | ○ |
|  | 葉緑体 | ○ | × |
|  | 液胞 | ○ | ○※ |
|  | 細胞膜 | ○ | ○ |
| 細胞壁 |  | ○ | × |

○…ある
×…ない

※発達した液胞は植物細胞だけに見られます。

☽ からだが**1個**の細胞でできている生物を 単細胞生物 と
いいます。

からだが**たくさん**の細胞でできている生物を 多細胞生物 と
いいます。形やはたらきが**同じ**細胞が集まって 組織 をつく
り，組織が集まって 器官 をつくります。

💤 寝る前にもう一度
✿ ゴチャゴチャしている真核細胞。
☽ 1個の細胞→単細胞生物。多数の細胞→多細胞生物。

★今夜おぼえること

### ✪共生からうまれた<u>ヨー</u>と<u>ミト</u>。
（葉緑体）（ミトコンドリア）

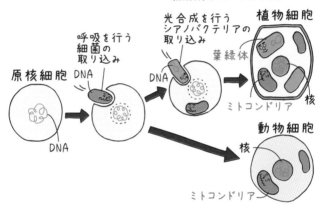

原核細胞 DNA

呼吸を行う
細菌の
取り込み

光合成を行う
シアノバクテリアの
取り込み

DNA

DNA

植物細胞

葉緑体

ミトコンドリア  核

動物細胞

核

ミトコンドリア

### ☽独自のDNAをもつ<u>ヨー</u>と<u>ミト</u>。
（葉緑体） （ミトコンドリア）

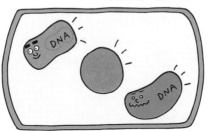

DNA

DNA

1章

☆ある生物がほかの生物の細胞内に 共生 することで，特定の細胞小器官になったとする考えを，細胞内共生説といいます。

細胞内共生説では，呼吸を行う（酸素を使って有機物を分解する）細菌が細胞に取り込まれて ミトコンドリア になり，光合成を行う シアノバクテリア が細胞に取り込まれて 葉緑体 になった，と考えられています。

☽ミトコンドリアと葉緑体は独自の DNA をもち，細胞分裂とは別に，分裂によって 増殖 します。

原核生物　　　　ミトコンドリア　　　　葉緑体

環状のDNA

環状のDNA

zzz 寝る前にもう一度

☆共生からうまれたヨーとミト。

☽独自のDNAをもつヨーとミト。

## ★ 今夜おぼえること

### ✿ 大佐は, カラダの化学班。
（代謝）　　　（生体内）　　（化学反応）

### ☾ 分解イカ。 合成銅貨。
（異化）　　　　（同化）

バラバラだよ…

ボンッ

10

♣生体内では物質の 分解 や 合成 などの化学反応が起こっています。これを 代謝 といいます。

☽代謝には 異化 と 同化 があります。

異化は， 複雑 な物質を 単純 な物質に分解して，エネルギーを取り出す反応です。

同化は， 単純 な物質から 複雑 な物質を合成して，エネルギーを蓄える反応です。

異化には 呼吸 ，同化には 光合成 などがあります。

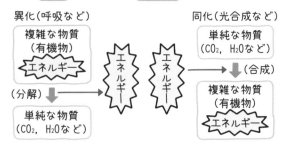

異化（呼吸など）

複雑な物質
（有機物）
エネルギー

（分解）

単純な物質
（$CO_2$，$H_2O$など）

同化（光合成など）

単純な物質
（$CO_2$，$H_2O$など）

（合成）

複雑な物質
（有機物）
エネルギー

エネルギー エネルギー

複雑な物質はエネルギー（化学エネルギー）をもっているよ。

💤寝る前にもう一度

♣大佐は，カラダの化学班。

☽分解イカ。合成銅貨。

14

1章

## ★今夜おぼえること

### ✪ ATPは生物共通のエネ通貨。
（アデノシン三リン酸）　　　（エネルギー）

> 代謝で得られたエネルギーは，体内で
> ATP（アデノシン三リン酸）という物
> 質として貯蔵されるよ。

### ☽ ATP→ADP+リン酸（エネルギー放出），

### ADP+リン酸→ATP（エネルギー吸収）。

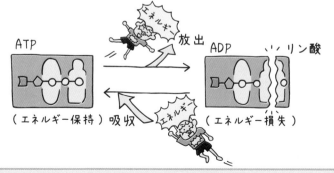

ATP　　　　　　　　　　放出　　ADP　　　リン酸

（エネルギー保持）吸収　　　　　　（エネルギー損失）

♣ ATP（アデノシン三リン酸）は、エネルギーの通貨とよばれています。ATPのエネルギーは、物質の合成、発熱、発光、筋収縮などのさまざまな生命活動に利用されます。

物質の合成

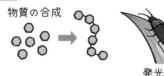

筋収縮
（運動）

発光

☾ ATPはアデノシン（アデニン（塩基）+ リボース（糖））にリン酸 3 個 が結合したものです。ATP内のリン酸どうしの結合は、高エネルギーリン酸結合とよばれ、結合中にエネルギーを蓄えています。

ATP→ADP+リン酸+エネルギー

ADP+リン酸+エネルギー→ATP

結合が切れると
エネルギーが放出
されるんだ。

ATP アデノシン三リン酸

アデニン　リボース　　高エネルギー
（塩基）　（糖）　　　リン酸結合

ADP アデノシン二リン酸

💤 寝る前にもう一度

♣ ATPは生物共通のエネ通貨。

☾ ATP→ADP+リン酸，ADP+リン酸→ATP。

1章

## ★今夜おぼえること

### ☆ 語ゑ「背イタイ」チウソはショックばい。
（生体内）　　　（酵素）　　　　（触媒）

### ☽内でも外でもはたらく酵素。

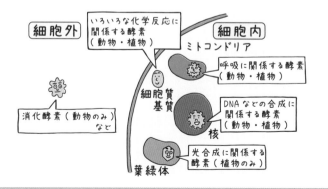

| 細胞外 | いろいろな化学反応に関係する酵素（動物・植物） |
| 細胞内 |
| ミトコンドリア |
| 呼吸に関係する酵素（動物・植物） |
| 細胞質基質 |
| DNAなどの合成に関係する酵素（動物・植物） |
| 核 |
| 消化酵素（動物のみ）など |
| 光合成に関係する酵素（植物のみ） |
| 葉緑体 |

17

✿ **酵素**は，それ自体は変化せず，化学反応を促進するはたらきをもつ **触媒** としてはたらきます。

酵素の主成分は **タンパク質** で，細胞内で合成されます。酵素がはたらく相手の物質を **基質** といい，酵素が特定の物質にしかはたらかないことを **基質特異性** といいます。

酵素は触媒としてはたらくため，基質に作用しても酵素自体は変化しないので，くり返しはたらくことができます。これを**くり返し作用**といいます。

酵素は
何度でも
使えるね。

基質　　　　　代謝　　　　　生成物

酵素

● アミラーゼのような **消化酵素** は **細胞外** に分泌されてはたらきますが，多くの酵素は細胞内ではたらいています。

ミトコンドリアには **呼吸** に関係する酵素が，葉緑体には **光合成** に関係する酵素などがあり，さまざまな酵素が生命活動を支えています。

💤 寝る前にもう一度

✿「背イタイ」子ウソはショックばい。

● 内でも外でもはたらく酵素。

1章

## ✪ 呼吸がつくる生命エネルギー。
（細胞呼吸）

肺呼吸 　　　　　　　　細胞呼吸

## ☾ エネルギーはATPとして貯蔵。

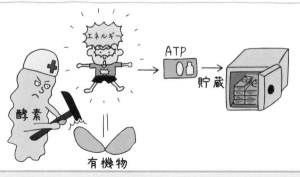

❀ 細胞が酸素を用いて有機物を分解し、(エネルギー)を取り出すはたらきを(呼吸)（細胞呼吸）といいます。呼吸によって、有機物は二酸化炭素と水に分解されます。呼吸は細胞中の(ミトコンドリア)などで行われます。

有機物が炭水化物の場合の呼吸の反応式は、

グルコース＋(酸素) ーーーー→ 二酸化炭素＋水
（ブドウ糖）
　　　　　　↓
　　　エネルギー

☽ 呼吸では、有機物のもつエネルギーが酵素のはたらきによって徐々に取り出され、(ATP)に蓄えられます。

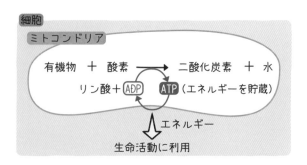

＜2z 寝る前にもう一度

❀ 呼吸がつくる生命エネルギー。
☽ エネルギーはATPとして貯蔵。

★ 今夜おぼえること

## ✿光合成は光を使った炭酸同化。

同化は複雑な物質を
つくる反応だったね。

## ☽ATPを使って有機物を合成。

光合成は呼吸と逆
向きの反応だよ。

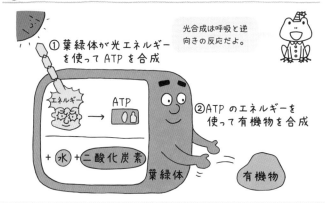

①葉緑体が光エネルギー
を使ってATPを合成

エネルギー → ATP

②ATPのエネルギーを
使って有機物を合成

+ 水 + 二酸化炭素

葉緑体

有機物

## ★ 今夜のおさらい

❀ 生物が 二酸化炭素 を取り込み，エネルギーを使って炭水化物などの有機物をつくるはたらきを 炭酸同化 といいます。 光合成 は，光エネルギーを利用した炭酸同化で，葉の気孔から取り入れた 二酸化炭素 と根から吸収した 水 を材料に 葉緑体 で行われます。

光合成の反応式は，

二酸化炭素 ＋水 ━━━━━→ 有機物 ＋酸素
　　　　　　　　↑
　　　　　光エネルギー

☽ 光合成では，光エネルギーをもとに合成した ATP のエネルギーを利用し，さまざまな 酵素 のはたらきにより，有機物を合成します。

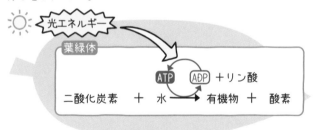

☀ 光エネルギー

葉緑体

ATP　ADP ＋リン酸

二酸化炭素　＋　水 ━→ 有機物 ＋　酸素

····💤 寝る前にもう一度····

❀ 光合成は光を使った炭酸同化。

☽ ATPを使って有機物を合成。

★ 今夜おぼえること

## ✴ 遺伝子＝形質のもと。

遺伝子 ➡ 形質

## ☽ 遺伝子の本体＝DNA。

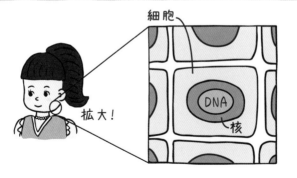

細胞

拡大！

DNA

核

## ★ 今夜のおさらい

😸 生物の形や性質などの特徴を 形質 といい，形質を決めるもととなるものを 遺伝子 といいます。

> 遺伝子のもとになる言葉は，遺伝の法則を発見したメンデルによって，最初に使われたよ。

🌙 遺伝子の正体は長い間なぞでしたが，現在では， 染色体 を構成する DNA （デオキシリボ核酸）が遺伝子の本体であるとわかっています。

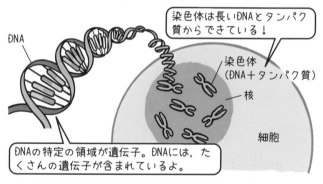

DNA

> 染色体は長いDNAとタンパク質からできている！

染色体
（DNA＋タンパク質）

核

細胞

> DNAの特定の領域が遺伝子。DNAには，たくさんの遺伝子が含まれているよ。

．．😴 寝る前にもう一度．．．．．．
😸 遺伝子＝形質のもと。
🌙 遺伝子の本体＝DNA。

24

★ 今夜おぼえること

## 😊ゲノムは必要最小限の遺伝情報。

生物はふつう、両親から1組ずつ受け継いだ、2組のゲノムをもつよ。

ゲノムとは、生物が生きていくのに必要な遺伝情報の1セットのこと！

中身は

遺伝情報（遺伝子を含む）

1組のゲノム

父由来ゲノム
母由来ゲノム

2章

## 🌙減数分裂で半分，受精でもとどおり。

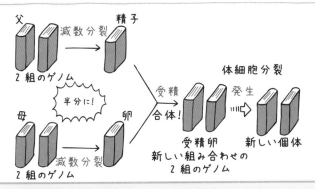

父
減数分裂
精子
2組のゲノム

半分に！

母
減数分裂
卵
2組のゲノム

受精
合体！

体細胞分裂

発生

受精卵
新しい組み合わせの
2組のゲノム

新しい個体

★ 今夜のおさらい

♣ 生物が生きるために必要な最小限の遺伝情報が ゲノム です。ヒトを含む多くの生物はふつう，細胞の核の中に 2 組のゲノムをもっています。ゲノムに含まれる遺伝子の数は，生物の 種 によって異なります。

| 生物名 | 遺伝子数 |
|---|---|
| 大腸菌 | 約4400 |
| シロイヌナズナ | 約25000 |
| ショウジョウバエ | 約14000 |
| ヒト | 約20500 |

● 減数分裂 によって生じた生殖細胞（精子や卵）は 1 組，受精 によって生じた受精卵は 2 組のゲノムをもっています。

ゲノムの情報はいくつかの染色体に分かれて保存されているため，生殖細胞のもつ染色体の数は，体細胞や受精卵の半分になります。

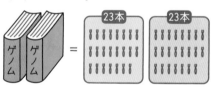

ヒトの場合
生殖細胞では
23本，体細胞・
受精卵では46本。

·᠁·(ZZ) 寝る前にもう一度

♣ ゲノムは必要最小限の遺伝情報。

● 減数分裂で半分，受精でもとどおり。

26

2章

★今夜おぼえること

## ✨グリフィス，エイブリーらが見た，

## RからSの形質転換。

▼2種類の肺炎球菌（肺炎双球菌）を使った実験（グリフィス）

①S型菌　　　②R型菌　　　③熱で殺した　④R型菌＋
（病原性あり）（病原性なし）　 S型菌　　　　熱で殺したS型菌

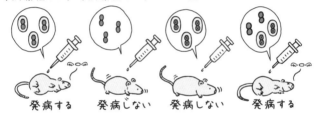

発病する　　発病しない　　発病しない　　発病する

## 🌙バクテリオファージを使った

## ハーシーとチェイス。

大腸菌に侵入したのはタンパク質ではなくDNA！

▼大腸菌にバクテリオファージを感染させる実験

バクテリオファージ　DNA　　撹拌後に遠心分離

タンパク質の殻　大腸菌　　沈殿物からDNA

27

😼グリフィスは 肺炎球菌 を使って，R型菌がS型菌の形質をもつように変わる 形質転換 を発見しました。

エイブリーらはその後，死んだS型菌のもつ DNA によって形質転換が起きたことを解明しました。

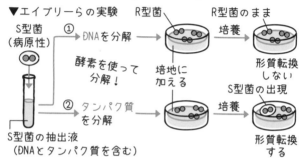

▼エイブリーらの実験

😈ハーシーとチェイスは， バクテリオファージ を用いて実験し， DNA が遺伝情報を発現し，それを子孫に伝えることを明らかにしました。

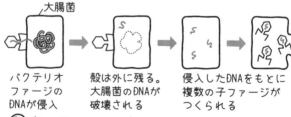

| バクテリオファージのDNAが侵入 | 殻は外に残る。大腸菌のDNAが破壊される | 侵入したDNAをもとに複数の子ファージがつくられる |

😴 寝る前にもう一度

😼グリフィス，エイブリーらが見た，RからSの形質転換。

😈バクテリオファージを使ったハーシーとチェイス。

★ 今夜おぼえること

## ✿DNAの構成単位はヌクレオチド。

└リン酸+糖+塩基

ヌクレオチドの構造

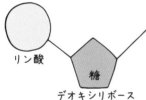

塩基

塩基の部分だけ
変わるよ。

・アデニン (A)
・チミン (T)
・グアニン (G)
・シトシン (C)

リン酸

糖

デオキシリボース

2章

## ☽糖とリン酸が

## 交互につながった

## ヌクレオチド鎖。

つながって
長くなるよ。

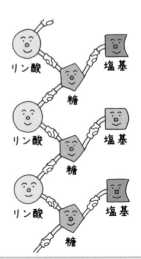

リン酸 　　塩基

糖

リン酸 　　塩基

糖

リン酸 　　塩基

糖

29

✪DNA（デオキシリボ核酸）は，リン酸と糖と塩基からなる ｢ヌクレオチド｣ が構成単位です。DNAのヌクレオチドの糖は，｢デオキシリボース｣ です。DNAのヌクレオチドの塩基は，｢アデニン｣ (A)，｢チミン｣ (T)，｢グアニン｣ (G)，｢シトシン｣ (C) の4種類です。

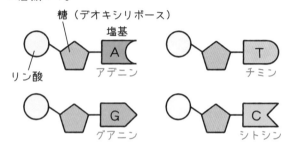

糖（デオキシリボース）
塩基
A
アデニン
リン酸
T
チミン
G
グアニン
C
シトシン

❶隣り合うヌクレオチドは，｢糖｣ と ｢リン酸｣ の間で互いに結合して ｢ヌクレオチド鎖｣ となります。

ヌクレオチドがつながった鎖状となっていることは，DNAが遺伝情報を保持できることと関係しているよ。

💤寝る前にもう一度

✪DNAの構成単位はヌクレオチド。

❶糖とリン酸が交互につながったヌクレオチド鎖。

★今夜おぼえること

## 🌟DNAは二重らせん構造。

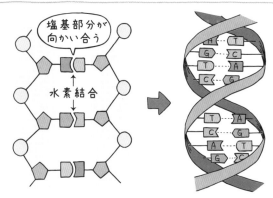

塩基部分が向かい合う

水素結合

ヌクレオチド鎖

二重らせん構造

2章

## 🌙AとT, GとCが結合。

😺DNAは，2本のヌクレオチド鎖が塩基を内側にして，互いにねじれた 二重らせん構造 をしています。二重らせん構造は，1953年に ワトソン と クリック によって提唱されました。それぞれの鎖にある塩基どうしは，水素結合でゆるやかにつながっています。

🌙塩基どうしは，アデニンは チミン （A-T）と，グアニンは シトシン （G-C）と特異的に結合します。これを塩基の 相補性 といい，塩基どうしの対を 塩基対 といいます。

例

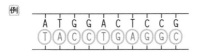

DNAに含まれる アデニン とチミン， グアニン とシトシンの数の割合は，それぞれ等しくなります（シャルガフの規則）。

例　ヒト（肝臓）のDNAに含まれる塩基の割合。
　　A…30.3%　　T…30.3%
　　G…19.5%　　C…19.9%
　　※実測値のため誤差があります。

💤寝る前にもう一度
😺DNAは二重らせん構造。
🌙AとT，GとCが結合。

★今夜おぼえること

## ✪複製されたDNAは体細胞分裂で等しく分配。

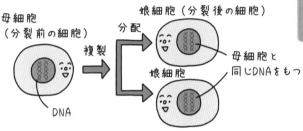

母細胞
（分裂前の細胞）

複製

DNA

分配

娘細胞（分裂後の細胞）

娘細胞

母細胞と
同じDNAをもつ

## ☾もとのDNAが半分＝半保存的複製。

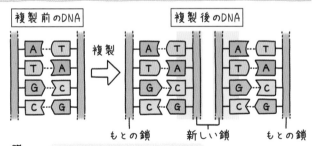

| 複製前のDNA | | 複製後のDNA | |

複製

A···T
T···A
G···C
C···G

A···T
T···A
G···C
C···G

A···T
T···A
G···C
C···G

もとの鎖　　　新しい鎖　　　もとの鎖

もとの鎖と新しい鎖を1本ずつもつんだ。

2章

## ★今夜のおさらい

🌙 もとのDNAと同じ [塩基配列] (→p.42) をもつDNAが合成されることを [複製] といいます。体細胞分裂では、母細胞(ぼさいぼう)で [複製] されたDNAは2つの娘細胞(むすめさいぼう)に [等しく] 分配されます。

🌙 複製されたDNAには、もとのDNAの [一方] のヌクレオチド鎖がそのまま受け継がれています。このような複製のしくみを [半保存的複製] といいます。

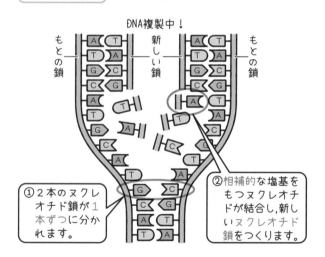

DNA複製中！

もとの鎖　新しい鎖　もとの鎖

①2本のヌクレオチド鎖が1本ずつに分かれます。

②相補的な塩基をもつヌクレオチドが結合し、新しいヌクレオチド鎖をつくります。

..ᶻᶻᶻ 寝る前にもう一度..

🌙 複製されたDNAは体細胞分裂で等しく分配。

🌙 もとのDNAが半分＝半保存的複製。

34

★今夜おぼえること

## ✿細胞周期＝間期＋分裂期。

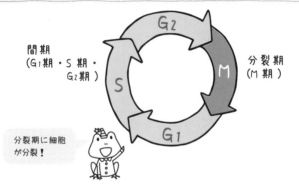

間期
（G₁期・S期・
　G₂期）

分裂期
（M期）

分裂期に細胞
が分裂！

## 🌙状態がいろいろ変化する染色体。

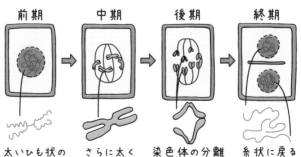

| 前期 | 中期 | 後期 | 終期 |
|---|---|---|---|
| 太いひも状の染色体 | さらに太く短くなる | 染色体の分離 | 糸状に戻る |

2章

✿細胞は，細胞分裂を行う 分裂期 (M期) とそれ以外の時期である 間期 をくり返しています。これを**細胞周期**といいます。

分裂期 (M期) は，細胞分裂をする時期で，前期，中期， 後期 ， 終期 に分けられます。 間期 は，分裂期以外の時期で， DNA合成準備期 (G₁期)， DNA合成期 (S期)， 分裂準備期 (G₂期) に分けられます。分裂期の時間は間期よりもかなり 短く なっています。

🌙間期の細胞では 染色体 は糸状で核内に広がって存在していますが，分裂期には何重にも折りたたまれて，太く短い染色体が形成されます。

▼染色体（中期）の構造

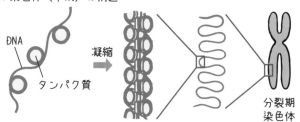

DNA

タンパク質

凝縮

分裂期
染色体

✿細胞周期＝間期＋分裂期。
🌙状態がいろいろ変化する染色体。

★ 今夜おぼえること

## ✿体細胞分裂，間期にDNAが2倍，
## 1回の分裂でDNA量同じに。

2章

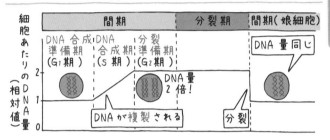

## ☽ G₀期に入ると細胞分裂ひと休み。

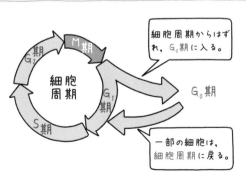

細胞周期からはずれ，G₀期に入る。

一部の細胞は，細胞周期に戻る。

😊 体細胞分裂の間期のS期では，もとのDNAと同じ[塩基配列]をもつDNAが[複製]されます。このため，$G_2$期の細胞内に存在するDNA量は，$G_1$期の細胞内に存在していたDNA量の[2倍]になります。

複製前のDNA
($G_1$期)

DNAが複製

複製されたDNA
($G_2$期)

> M期に分裂してもとのDNA量に戻るよ。

😊 分化して特定の形とはたらきをもつようになった細胞は，[$G_1$期]（DNA合成準備期）で細胞周期を離れて，[$G_0$期]（静止期）に入り，細胞分裂を行っていません。

・再び細胞周期に戻るもの
　→肝臓が傷つくと，$G_0$期にある肝臓の細胞が[$G_1$期]に入り，細胞分裂を再開します。

・いつまでも細胞周期に戻らないもの
　→ニューロン（神経細胞）や筋肉の細胞。

> 細胞が特定の形やはたらきをもつようになることを分化っていうんだよ。

・・😴 寝る前にもう一度

😊 体細胞分裂，間期にDNAが2倍，1回の分裂でDNA量同じに。
😊 $G_0$期に入ると細胞分裂ひと休み。

★ 今夜おぼえること

## 🌟固定→解離→染色→押しつぶしで

## 体細胞分裂を観察。

2章

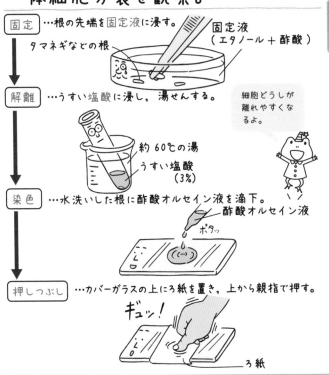

固定 …根の先端を固定液に浸す。

固定液
（エタノール ＋ 酢酸）

タマネギなどの根

解離 …うすい塩酸に浸し、湯せんする。

細胞どうしが
離れやすくな
るよ。

約60℃の湯

うすい塩酸
（3%）

染色 …水洗いした根に酢酸オルセイン液を滴下。

酢酸オルセイン液

ポタッ

押しつぶし …カバーガラスの上にろ紙を置き、上から親指で押す。

ギュッ!

ろ紙

## 💠 体細胞分裂の観察

① 固定…タマネギの根の先端から1cm程度のところで切り取り, 固定液に5〜10分浸します。

→細胞の活動を停止させ, 生きていたときに近い状態に保つ（固定）!

② 解離…固定した根を, 約60℃のうすい 塩酸 に10〜20秒浸します。

→細胞間の結合をゆるめ, 細胞を 分離 しやすくする!

③ 染色…水洗いした根を, スライドガラスにのせ, 先端から3mm程度を残し, 酢酸オルセイン 液を1滴落とします。

細胞分裂がさかんな部分を残そう。

タマネギの根の先端

→核の中の 染色体 を赤紫色に染める!

④ 押しつぶし…カバーガラスをかけ, ろ紙 を上に置き, 親指 の腹で強く押しつぶす。

→細胞を 一層 に広げる!

💤 寝る前にもう一度

💠 固定 → 解離 → 染色 → 押しつぶしで体細胞分裂を観察。

## ★今夜おぼえること

### ✪DNAの塩基配列をもとに合成, タンパク質。

### ☽血, 肉, 酵素, いろいろ使える タンパク質。

2章

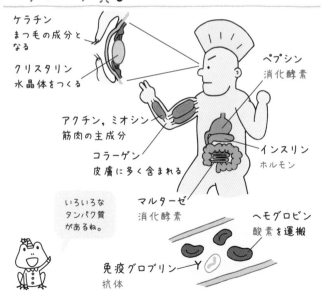

ケラチン
まつ毛の成分となる

クリスタリン
水晶体をつくる

ペプシン
消化酵素

アクチン, ミオシン
筋肉の主成分

コラーゲン
皮膚に多く含まれる

インスリン
ホルモン

いろいろな
タンパク質
があるね。

マルターゼ
消化酵素

ヘモグロビン
酸素を運搬

免疫グロブリン
抗体

🌙 タンパク質は多数の アミノ酸 がつながってできた分子です。
DNAの4種類の塩基(A,T,G,C)の並び方を 塩基配列 と
いいます。DNAは，タンパク質をつくるアミノ酸の配列順序
に関する情報を，塩基配列として記録しています。

塩基配列で書かれた情報

🌙 タンパク質は，生体の 構造 をつくったり，生命活動を
営んだりするうえで，重要なはたらきをもっています。

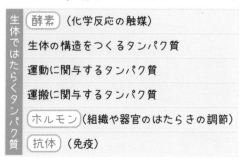

| 生体ではたらくタンパク質 | |
|---|---|
| | 酵素 （化学反応の触媒） |
| | 生体の構造をつくるタンパク質 |
| | 運動に関与するタンパク質 |
| | 運搬に関与するタンパク質 |
| | ホルモン （組織や器官のはたらきの調節） |
| | 抗体 （免疫） |

💤 寝る前にもう一度

🌙 DNAの塩基配列をもとに合成，タンパク質。

🌙 血，肉，酵素，いろいろ使えるタンパク質。

## ★今夜おぼえること

### ✪DNAと似たRNA。糖はリボース、塩基はTでなくU、一本鎖。

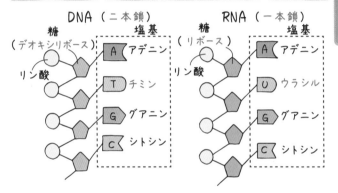

DNA（二本鎖）

糖
（デオキシリボース）

リン酸

塩基

A　アデニン

T　チミン

G　グアニン

C　シトシン

RNA（一本鎖）

糖
（リボース）

リン酸

塩基

A　アデニン

U　ウラシル

G　グアニン

C　シトシン

### ☽RNAは、mRNA（伝令RNA）、tRNA（転移RNA）などに分けられる。

（メッセンジャー）　　（トランスファー）

タンパク質合成の際、RNAは
重要な役割を担っているよ！

2章

43

✿RNA（リボ核酸）は，リン酸，糖，塩基からなる ヌクレオチド を構成単位とします。

|  | DNA | RNA |
|---|---|---|
| 糖 | デオキシリボース | リボース |
| 塩基 | アデニン（A） | アデニン（A） |
|  | チミン（T） | ウラシル（U） |
|  | グアニン（G） | グアニン（G） |
|  | シトシン（C） | シトシン（C） |
| 構造 | 二本鎖 | 一本鎖 |

☽RNAは，そのはたらきによって， mRNA （伝令RNA）， tRNA （転移RNA）などに分けられます。

| 種類 | はたらき |
|---|---|
| mRNA | DNA の塩基配列を写し取る。 |
| tRNA | アミノ酸を運搬する。 |

RNAはDNAの塩基配列の一部を
写し取るので，RNAの長さは
DNAよりかなり短いよ。

💤寝る前にもう一度

✿DNAと似たRNA。糖はリボース，塩基はTでなくU，一本鎖。
☽RNAは，mRNA，tRNAなどに分けられる。

★ 今夜おぼえること

## ✪DNAの塩基配列をRNAに写し取る過程が転写。

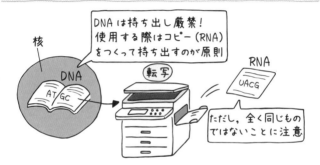

DNAは持ち出し厳禁！
使用する際はコピー(RNA)
をつくって持ち出すのが原則

核

DNA
AT/GC

転写

RNA
UACG

ただし、全く同じもの
ではないことに注意

## ☾転写されたRNAの塩基は相補的。

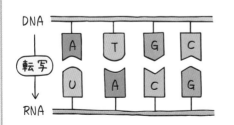

DNA → RNAでは、
アデニン (A) と
結合するのは
ウラシル (U) ！

DNA

転写

RNA

A　T　G　C

U　A　C　G

45

## ✿転写のしくみ

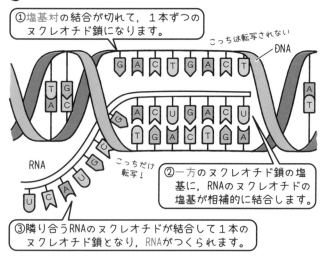

①塩基対の結合が切れて，1本ずつの
ヌクレオチド鎖になります。

こっちは転写されない

DNA

こっちだけ
転写！

RNA

②一方のヌクレオチド鎖の塩
基に，RNAのヌクレオチドの
塩基が相補的に結合します。

③隣り合うRNAのヌクレオチドが結合して1本の
ヌクレオチド鎖となり，RNAがつくられます。

### ❍DNAの塩基とRNAの塩基は次のように結合します。

例

| DNA | T | A | C | C | G | A | C | C | G |
|-----|---|---|---|---|---|---|---|---|---|
| RNA | A | U | G | G | C | U | G | G | C |

### 💤寝る前にもう一度

✿DNAの塩基配列をRNAに写し取る過程が転写。

❍転写されたRNAの塩基は相補的。

★今夜おぼえること

## ✿mRNAの情報をアミノ酸配列に読み かえる過程が翻訳。

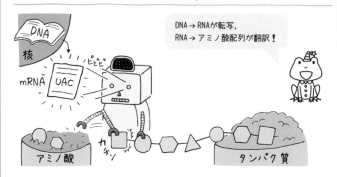

DNA → RNAが転写,
RNA → アミノ酸配列が翻訳！

## 🌙セントラルドグマは，DNA→RNA→ タンパク質の流れ。

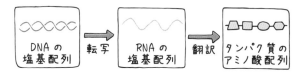

2章

47

## ✿ 翻訳のしくみ

> ① tRNAによってmRNAの3つの塩基の並びに対応する
> アミノ酸が運ばれてきます。

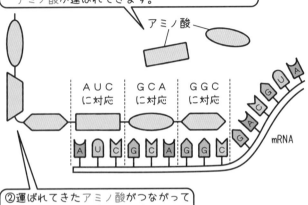

アミノ酸

AUC
に対応　　GCA
に対応　　GGC
に対応

mRNA

> ② 運ばれてきたアミノ酸がつながって
> タンパク質が合成されます。

● 遺伝情報がDNA→RNA→タンパク質の順に伝達される原

則を，セントラルドグマといいます。

> ドグマには教義や説と
> いう意味があるよ。

.ᶻᶻ 寝る前にもう一度.

✿ mRNAの情報をアミノ酸配列に読みかえる過程が翻訳。

● セントラルドグマは，DNA→RNA→タンパク質の流れ。

★今夜おぼえること

**❀mRNAのコドンに相補的なtRNAの**

**アンチコドン。**

2章

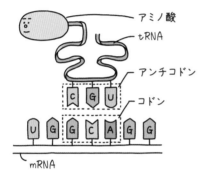

アミノ酸
tRNA
アンチコドン
コドン
mRNA

tRNAにはアンチコドンに
対応したアミノ酸が結合
しているんだね。

**☽遺伝暗号表は，左→上→右の順に**

**読み取る。**

遺伝暗号表は，mRNAのコドンが指定
するアミノ酸をまとめたものだよ。

♠mRNAにおいて，1つのアミノ酸を指定する，塩基 3 個の配列を コドン といいます。

tRNAがもっている，mRNAのコドンに相補的な塩基 3 個の配列を アンチコドン といいます。tRNAの末端にはアンチコドンに対応した特定の アミノ酸 が結合しています。

## ●遺伝暗号表の読み方

コドンの1番目の塩基を左の欄から，2番目の塩基を上の欄から，3番目の塩基を右の欄から選びます。UGGの場合，下のように， トリプトファン というアミノ酸が該当します。

| 1番目の塩基 | 2番目の塩基 | | | | 3番目の塩基 |
|---|---|---|---|---|---|
| | U | C | A | G | |
| U | UUU UUC } フェニルアラニン<br>UUA UUG } ロイシン | UCU UCC UCA UCG } セリン | UAU UAC } チロシン<br>UAA UAG } (終止) | UGU UGC } システイン<br>UGA (終止)<br>UGG トリプトファン | U<br>C<br>A<br>G |
| C | CUU CUC CUA CUG } ロイシン | CCU CCC CCA CCG } プロリン | CAU CAC } ヒスチジン<br>CAA CAG } グルタミン | CGU CGC CGA CGG } アルギニン | U<br>C<br>A<br>G |
| A | AUU AUC AUA } イソロイシン<br>AUG メチオニン(開始) | ACU ACC ACA ACG } トレオニン | AAU AAC } アスパラギン<br>AAA AAG } リシン | AGU AGC } セリン<br>AGA AGG } アルギニン | U<br>C<br>A<br>G |
| G | GUU GUC GUA GUG } バリン | GCU GCC GCA GCG } アラニン | GAU GAC } アスパラギン酸<br>GAA GAG } グルタミン酸 | GGU GGC GGA GGG } グリシン | U<br>C<br>A<br>G |

(2番目G / 1番目U / 3番目G)

## 💤寝る前にもう一度

♠mRNAのコドンに相補的なtRNAのアンチコドン。

●遺伝暗号表は，左→上→右の順に読み取る。

☐ 月 日
☐ 月 日

## ★ 今夜おぼえること

### ✿ ショウジョウバエやユスリカの幼虫の 巨大なだ腺染色体。

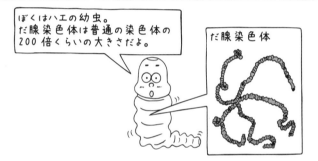

ぼくはハエの幼虫。
だ腺染色体は普通の染色体の
200倍くらいの大きさだよ。

だ腺染色体

### ☾ パフではRNAをさかんに合成。

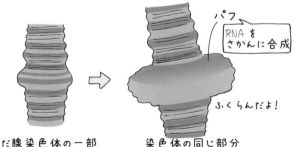

パフ

RNAを
さかんに合成

ふくらんだよ！

だ腺染色体の一部

染色体の同じ部分

2章

51

🌑 ショウジョウバエや ユスリカ の幼虫のだ腺細胞にある巨大な染色体を だ腺染色体 といいます。

ショウジョウバエの幼虫

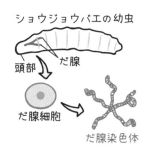

頭部　　だ腺

だ腺細胞

だ腺染色体

だ腺からだ液が分泌されるよ。

🌙 だ腺染色体に見られるふくらんだ部分を パフ といいます。パフは，折りたたまれた DNA の一部がほどけて広がったもので， 転写 によって RNA がさかんに合成されています。

折りたたまれたDNA

転写できない

ほどけて広がったDNA

DNA　C G T A　RNA
　　　G C A U

転写できる

💤 寝る前にもう一度

🌑 ショウジョウバエやユスリカの幼虫の巨大なだ腺染色体。
🌙 パフではRNAをさかんに合成。

★ 今夜おぼえること

## 🌟すべての細胞は同じDNAをもつ。

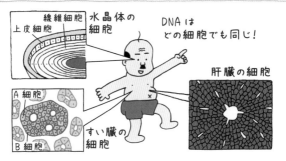

上皮細胞　線維細胞　水晶体の細胞

DNA は
どの細胞でも同じ！

肝臓の細胞

A 細胞
B 細胞

すい臓の細胞

## 🌙細胞によって違う遺伝子が発現。

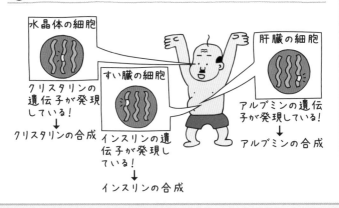

水晶体の細胞

クリスタリンの
遺伝子が発現
している！
↓
クリスタリンの合成

すい臓の細胞

インスリンの遺
伝子が発現し
ている！
↓
インスリンの合成

肝臓の細胞

アルブミンの遺伝
子が発現している！
↓
アルブミンの合成

2章

53

😊ヒトのからだには**数十兆個の体細胞**（からだを構成する細胞）があるといわれていますが，それらはすべて**1つの受精卵が分裂**してできたものです。したがって，同じ個体の体細胞は，基本的に同じ DNA をもっています。

体細胞分裂をくり返す間に特定の形やはたらきをもつ細胞に分化していくんだね。

😊遺伝情報をもとにタンパク質が合成されることを，（そのタンパク質の情報をもつ）遺伝子が 発現 するといいます。体細胞がさまざまな形や機能をもつのは，それぞれの細胞で発現する遺伝子が 異なる からです。

だ腺細胞
アミラーゼ遺伝子が発現→アミラーゼの合成

皮膚細胞
コラーゲン遺伝子が発現→コラーゲンの合成

すい臓の細胞
インスリン遺伝子が発現→インスリンの合成

筋細胞
アクチン遺伝子が発現→アクチンの合成

・・・😴寝る前にもう一度・・・
😊すべての細胞は同じDNAをもつ。
😊細胞によって違う遺伝子が発現。

★ 今夜おぼえること

## ✿ からだの中にも体外環境。

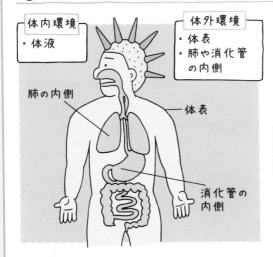

体内環境
・体液

体外環境
・体表
・肺や消化管の内側

肺の内側

体表

消化管の内側

体外環境は光や温度だけじゃないよ。

## ☾ 体内環境, 一定に保つ恒常性。

生きるために重要なしくみ！

✿ 多細胞生物である動物では，多くの細胞は 体液 に浸されています。体液は 細胞 にとっての環境となるため，体液を 体内環境 （内部環境）といいます。

一方，からだを取り巻く環境を 体外環境 （外部環境）といいます。からだの内部にあっても，肺や消化管の内側は体外とつながっているので，体外環境 になります。

☽ 体外環境が変化しても，体内環境を一定の状態に維持するしくみを 恒常性 （ホメオスタシス）といいます。

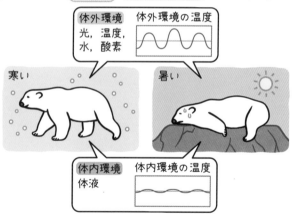

> 体外環境
> 光，温度，
> 水，酸素

> 体外環境の温度

> 寒い

> 暑い

> 体内環境
> 体液

> 体内環境の温度

💤 寝る前にもう一度

✿ からだの中にも体外環境。

☽ 体内環境，一定に保つ恒常性。

★ 今夜おぼえること

## ✿体液は, 血液, 組織液, リンパ液 の3つ。

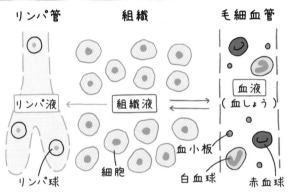

リンパ管　　　　組織　　　　毛細血管

リンパ液 ← 組織液 ⇄ 血液（血しょう）

リンパ球　細胞　血小板　白血球　赤血球

3章

## ☽血しょうがしみ出して組織液に 変身だ。

血しょうは血液の液体成分だよ。

57

✪ 体液は，血管内の 血液 ，細胞を取り巻く 組織液 ，リンパ管内の リンパ液 に分けられます。

◗ 血液中の液体成分である 血しょう が毛細血管からしみ出して，組織液 になります。細胞は，組織液から 酸素 や栄養分を受け取って，二酸化炭素 や老廃物を組織液に渡します。組織液の多くは 血管 に戻り，一部は リンパ管 に入って リンパ液 になります。

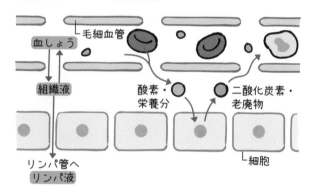

毛細血管

血しょう

組織液

リンパ管へ
リンパ液

酸素・栄養分

二酸化炭素・老廃物

細胞

⋯ 😴 寝る前にもう一度 ⋯

✪ 体液は，血液，組織液，リンパ液の3つ。
◗ 血しょうがしみ出して組織液に変身だ。

★今夜おぼえること

✪**血液の3つの有形成分，赤血球，白血球，血小板。**

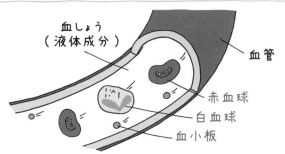

血しょう
（液体成分）

血管

3章

赤血球

白血球

血小板

☾**恒常性は体液の状態を一定に保つことで維持。**

体液は，細胞にとっての環境
（体内環境）だったね！

✪ 血液は，有形成分（血球）である **赤血球・白血球** ・**血小板** と，液体成分である **血しょう** からできています。

| | | 特徴 | 機能 |
|---|---|---|---|
| 赤血球 | | ・円盤状<br>・哺乳類では核なし | 酸素の運搬 |
| 白血球 | | ・種類はさまざま<br>・核あり | 免疫に関与 |
| 血小板 | | ・不定形<br>・核なし | 血液凝固に関与 |

❍ 消化や呼吸，排出など，からだの一連のはたらきに関係する器官をまとめて **器官系** といいます。体液の状態はさまざまな器官系がはたらくことで調整されています。

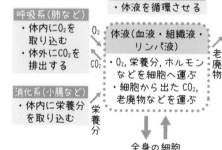

呼吸系（肺など）
・体内に$O_2$を取り込む
・体外に$CO_2$を排出する

循環系（心臓など）
・体液を循環させる

排出系（腎臓など）
・体外に老廃物を排出する

体液（血液・組織液・リンパ液）
・$O_2$，栄養分，ホルモンなどを細胞へ運ぶ
・細胞から出た$CO_2$，老廃物などを運ぶ

消化系（小腸など）
・体内に栄養分を取り込む

自律神経系・内分泌系
・さまざまな器官のはたらきを調整する

$O_2$　$CO_2$　老廃物　栄養分

全身の細胞

✪ 血液の３つの有形成分，赤血球，白血球，血小板。
❍ 恒常性は体液の状態を一定に保つことで維持。

★ 今夜おぼえること

## ✪血液が入る心房, 出る心室。

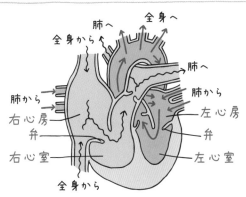

全身から

肺へ

全身へ

肺から
右心房
弁
右心室

肺へ
肺から
左心房
弁
左心室

全身から

## ☾動脈は筋肉発達, 静脈は弁あり。

動脈　　　静脈　　　毛細血管

弁

筋肉

✿ヒトの心臓には，2つの 心房 と2つの 心室 があります。心房は， 静脈 とつながり，血液が入ってきます。心室は， 動脈 とつながり，血液が出ていきます。心臓の中にある弁のはたらきによって，血液は一方向に流れます。

> 心房や心室の右・左は，その心臓をもつ人にとっての右・左になることに注意しよう。

☾心臓から出る 動脈 は枝分かれして 毛細血管 につながります。毛細血管は集まって 静脈 につながります。動脈は，高い血圧に耐えられるように， 筋肉 の層が発達して，弾力性があります。静脈には，逆流を防ぐための 弁 があります。毛細血管は， 1 層の細胞からなり，すきまがあるので体液がしみ出すことが可能です。

> 逆流を防ぐ弁は，心臓や静脈のほか，リンパ管にもあるよ。

・・・💤寝る前にもう一度・・・・
✿血液が入る心房，出る心室。
☾動脈は筋肉発達，静脈は弁あり。

## ★ 今夜おぼえること

### 🌑 循環系＝血管系＋リンパ系。

### 🌙⦿右から入って左から退場。
（右心室）　（肺循環）　（左心室）　（体循環）

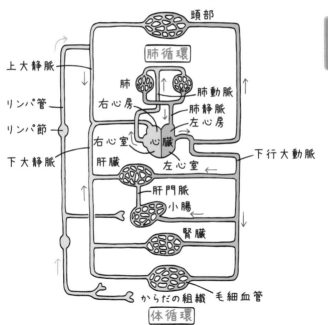

頭部

肺循環

上大静脈

リンパ管

リンパ節

下大静脈

肺
右心房
右心室
肝臓

肺動脈
肺静脈
左心房
心臓
左心室

下行大動脈

肝門脈
小腸

腎臓

からだの組織　毛細血管

体循環

3章

63

## ★今夜のおさらい

😸 脊椎動物の循環系は, 血管系 と リンパ系 に分けられます。血管系は, 心臓 や血管から構成されます。リンパ系は, リンパ管や リンパ節 から構成されます。リンパ節には, たくさんのリンパ球やマクロファージなどが集まっています。

病原体を
やっつけるぞー！

リンパ節
リンパ管

リンパ球　　マクロファージ

🌙 血液の循環には, 肺循環 と 体循環 があります。

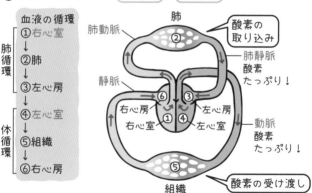

血液の循環

肺循環
①右心室
↓
②肺
↓
③左心房

体循環
④左心室
↓
⑤組織
↓
⑥右心房

肺
肺動脈
②
酸素の取り込み
肺静脈
酸素たっぷり！
静脈
⑥　③
右心房　　左心房
①　④
右心室　　左心室
動脈
酸素たっぷり！
⑤
組織
酸素の受け渡し

💤 寝る前にもう一度
😸 循環系＝血管系＋リンパ系。
🌙 右から入って左から退場。

## ★今夜おぼえること

### ✪小腸と肝臓をつなぐ，肝門脈。

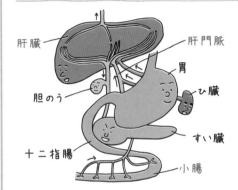

肝臓

肝門脈

胃

ひ臓

胆のう

すい臓

十二指腸

小腸

肝臓は体内で
最も大きい
内臓器官だよ。

3章

### ☾肝臓の基本単位だ，肝小葉。

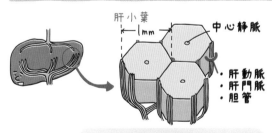

肝小葉
1mm

中心静脈

・肝動脈
・肝門脈
・胆管

肝臓には肝小葉が約50万個。
1つの肝小葉は約50万個の肝細胞からなるよ。

❄ 肝臓は，肝動脈と肝静脈のほかに，肝門脈（かんもんみゃく）とつながっています。肝門脈を流れる血液には，小腸で吸収されたアミノ酸やグルコースなどの栄養分が含まれています。

> 肝門脈を通る血液の流れは，小腸→肝臓だよ。

☾ 1つの肝小葉（かんしょうよう）は，約50万個の肝細胞が肝門脈と中心静脈の間に集まった構造をしています。肝門脈を流れる血液と肝動脈を流れる血液は，毛細血管を通って肝小葉の中心にある中心静脈に集まり，ほかの肝小葉からの血液とともに肝静脈へ流れます。

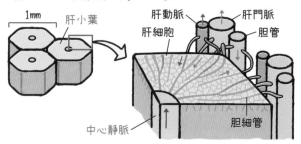

1mm　肝小葉

肝動脈　肝門脈
肝細胞　胆管
中心静脈　胆細管

😴 寝る前にもう一度

❄ 小腸と肝臓をつなぐ，肝門脈。
☾ 肝臓の基本単位だ，肝小葉。

## ★今夜おぼえること

# ❂肝臓のはたらき、ベスト5。

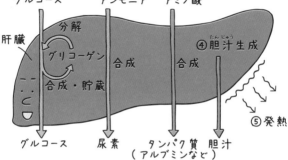

①血糖濃度調節　②解毒作用　③タンパク質合成

グルコース　　　アンモニア　　アミノ酸

肝臓

分解

グリコーゲン

合成・貯蔵

④胆汁生成

合成　　　合成

⑤発熱

グルコース　　　尿素　　タンパク質　胆汁
　　　　　　　　　　　（アルブミンなど）

> 「血糖」は血液中のグルコースのこと。
> グルコースは、ヒトを含む多くの動物の生
> 命活動のためのエネルギー源となるよ。

# ☽グルコース⇄グリコーゲンで、血糖

# 濃度を調節。

⬥ 肝臓は、(恒常性)の維持に深くかかわっています。

| ①血糖濃度の調節 | 血液中のグルコースを(グリコーゲン)に変えて貯蔵。必要に応じて(グルコース)に分解し、血液中に放出。 |
|---|---|
| ②解毒作用 | 有害なアンモニアを毒性の少ない(尿素)に変え、血液中に放出。その他、アルコールの分解など。 |
| ③タンパク質の合成 | (血しょう)中ではたらくタンパク質を合成し、血液中に放出。 |
| ④胆汁の生成 | 不要物を(胆汁)の中に分泌し、十二指腸へ排出。胆汁は脂肪の分解も助ける。 |
| ⑤発熱 | 代謝にともなう発熱で体温を維持する。 |

⬗ グルコースは、(血液)によって細胞に運ばれ、呼吸によってATPを生成するときのエネルギー源として使われます。

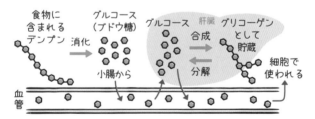

食物に含まれるデンプン　消化　グルコース（ブドウ糖）　小腸から　グルコース　肝臓　合成　分解　グリコーゲンとして貯蔵　細胞で使われる　血管

## ★今夜おぼえること

### 🌟腹部の背中側に1対の腎臓。

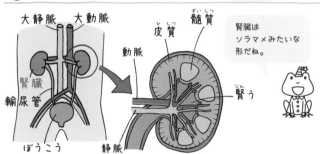

腎臓はソラマメみたいな形だね。

大静脈　大動脈　皮質　髄質

動脈

腎臓

輸尿管

腎う

ぼうこう　静脈

3章

### 🌙腎臓の基本単位，ネフロン。

腎小体＋細尿管

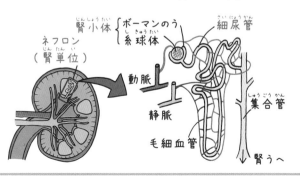

ネフロン
（腎単位）

腎小体 { ボーマンのう
　　　　　糸球体

細尿管

動脈

静脈

集合管

毛細血管

腎うへ

69

☸腎臓は，腹部の背中側に左右 1 対 存在します。腎臓は， **皮質**，**髄質**，**腎う** という３つの部分から構成されます。

> 腎臓も肝臓と同じく恒常性の維持に大切だよ。

☽腎臓は ネフロン （腎単位） が集まったものです。ネフロンは，１つの腎臓に約100万個あり，腎小体 とそこから伸びる 細尿管 からできています。腎小体は，毛細血管が球状にからまった 糸球体 と，それを包み込む袋状の ボーマンのう からできています。

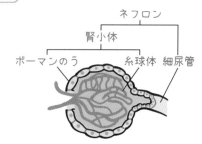

ネフロン

腎小体

ボーマンのう　　　　　糸球体　細尿管

😴寝る前にもう一度
☸腹部の背中側に１対の腎臓。
☽腎臓の基本単位，ネフロン。

## ★ 今夜おぼえること

## ✿ 腎臓のはたらき，ろ過と再吸収。

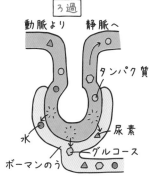

ろ過

動脈より　静脈へ

タンパク質

水　　尿素

ボーマンのう　　グルコース

血液中の小さな物質
はボーマンのうへ

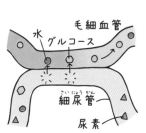

再吸収

水　グルコース　毛細血管

細尿管（さいにょうかん）

尿素

必要なものは回収

3章

## ☾ いらないものは濃縮して排出。

わたしたちは尿には
含まれないよ。

オレは濃縮さ
れて捨てられ
ちゃうんだ。

糖尿病になると，
尿にグルコースが
含まれるようにな
るんだ。

グルコース　タンパク質　　尿素

✿ 血液は糸球体で ろ過 されて， ボーマンのう に入り，原尿となります。 タンパク質 や血球はろ過されません。

原尿は 細尿管 でグルコースや無機塩類，水分などが再吸収され，さらに 集合管 で水分が再吸収されて，残りが尿となります。

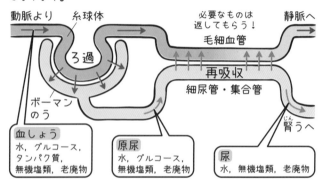

動脈より　糸球体　　　　　　　必要なものは返してもらう！　　静脈へ

ろ過　　　　　　　　毛細血管

再吸収
細尿管・集合管

ボーマンのう

腎うへ

血しょう
水，グルコース，
タンパク質，
無機塩類，老廃物

原尿
水，グルコース，
無機塩類，老廃物

尿
水，無機塩類，老廃物

◐ 尿素などの老廃物は 再吸収 されにくいので濃縮され，尿の成分として排出されます。

糖尿病のように高血糖の状態（血液中のグルコース濃度が高い状態）が続くと， 原尿 中のグルコースを再吸収しきれず， 尿 中にグルコースが排出されてしまいます。

Ⓩ 寝る前にもう一度

✿ 腎臓のはたらき，ろ過と再吸収。

◐ いらないものは濃縮して排出。

## ★今夜おぼえること

### ✪自律神経系は無意識にからだを調節。

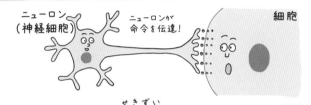

ニューロン
(神経細胞)

ニューロンが
命令を伝達!

細胞

3章

### ☾交感神経は脊髄から, 副交感神経は中脳・延髄・脊髄の下部から。

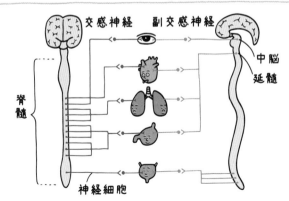

交感神経　　副交感神経

中脳

延髄

脊髄

神経細胞

73

✿神経系は，ニューロン（神経細胞）が集まって構成され，情報を伝達する役割を担っています。

神経系は，脳と脊髄からなる中枢神経系と，体性神経系と自律神経系からなる末しょう神経系に分けられます。自律神経系は無意識にはたらき，体温，血液循環，呼吸，消化などのからだのはたらきを調節しています。

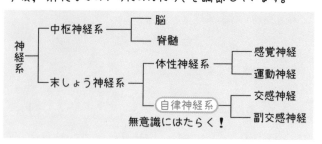

```
          ┌ 中枢神経系 ┬ 脳
神                     └ 脊髄
経
系                          ┌ 体性神経系 ┬ 感覚神経
          └ 末しょう神経系 ┤           └ 運動神経
                          │ 自律神経系 ┬ 交感神経
                          └           └ 副交感神経
             無意識にはたらく！
```

☽自律神経系は，交感神経と副交感神経に分けられます。交感神経は脊髄から，副交感神経は中脳・延髄・脊髄の下部から出て，内臓器官などに分布しています（→p.115）。

前ページの図では，1つの器官が2つの
自律神経系に調節されているね。

💤寝る前にもう一度
✿自律神経系は無意識にからだを調節。
☽交感神経は脊髄から，副交感神経は中脳・延髄・脊髄の
下部から。

★ 今夜おぼえること

## ✵生命維持の中枢＝脳幹。

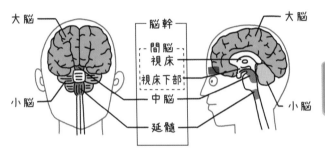

大脳

脳幹
- 間脳
  - 視床
  - 視床下部
- 中脳
- 延髄

大脳

小脳

小脳

## ☽脳死＝脳幹を含む脳全体の機能停止。

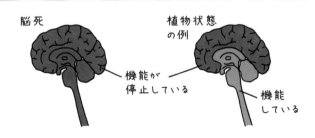

脳死

植物状態の例

機能が停止している

機能している

3章

❤ 中枢神経系の脳は、 **大脳, 小脳,** 脳幹 に分けられ、 それぞれ異なるはたらきをもっています。

脳幹は、 間脳 、 中脳、 延髄などからなり、 **恒常性に関係し、 意思とは無関係に器官の機能を調節し、 生命維持の中枢**としてはたらいています。

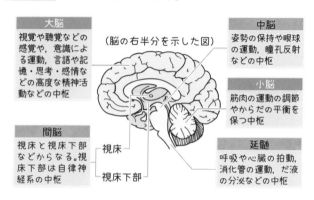

大脳
視覚や聴覚などの感覚や、意識による運動、言語や記憶・思考・感情などの高度な精神活動などの中枢

（脳の右半分を示した図）

中脳
姿勢の保持や眼球の運動、瞳孔反射などの中枢

小脳
筋肉の運動の調節やからだの平衡を保つ中枢

間脳
視床と視床下部などからなる。視床下部は自律神経系の中枢

視床
視床下部

延髄
呼吸や心臓の拍動、消化管の運動、だ液の分泌などの中枢

☽ 脳死は、 臓器移植 の際に法的なヒトの死の基準とされるもので、 脳幹 を含む脳全体の機能が停止して回復不可能な状態になることをもって判断されます。脳死に対して、 **大脳の機能は停止していても** 脳幹 **の機能が残っていて自発的に呼吸ができる状態**を 植物状態 といいます。

···😴 寝る前にもう一度···
❤ 生命維持の中枢＝脳幹。
☽ 脳死＝脳幹を含む脳全体の機能停止。

★ 今夜おぼえること

## ✪ 興奮で交感神経，リラックスで副交感神経。

交感神経が
はたらいている…

副交感神経が
はたらいている…

パクパク

## ☾ 自律神経系を支配，間脳の視床下部（ししょうかぶ）。

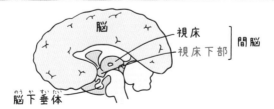

脳

視床
視床下部 ┐間脳

脳下垂体（のうかすいたい）

77

❀ 交感神経と副交感神経のはたらきは拮抗的です。交感神経は、興奮した状態や、心身が活発な状態ではたらきます。副交感神経は、食事や休息などリラックスした状態ではたらきます。

| 交感神経 | 支配器官 | 副交感神経 |
|---|---|---|
| 拡大 | 瞳孔 | 縮小 |
| 促進 | 心臓（拍動） | 抑制 |
| 拡張 | 気管支 | 収縮 |
| 収縮 | 皮膚の血管 | 分布しない |
| 抑制 | 胃（ぜん動） | 促進 |
| 抑制 | ぼうこう（排尿） | 促進 |
| 収縮 | 立毛筋 | 分布しない |

☾ 自律神経系のはたらきは、間脳の視床下部によって調節されています。

間脳の視床下部 ━➤ 脊髄 ━━━━━━━━━━━━➤（交感神経）

　　　　　　　┗━➤ 中脳・延髄・脊髄の下部 ━➤（副交感神経）

💤 寝る前にもう一度
❀ 興奮で交感神経，リラックスで副交感神経。
☾ 自律神経系を支配，間脳の視床下部。

★ 今夜おぼえること

## ✦ 拍動のリズムつくる，ペースメーカー。

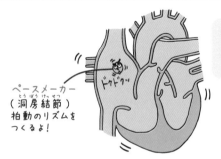

ペースメーカー
（洞房結節）
とうぼうけっせつ
拍動のリズムを
つくるよ！

ドクドクッ

心臓はペースメーカー
のはたらきにより規則
的なリズムで自動的に
拍動しているよ。

3章

## ☽ 血流量は，交感神経で増加，副交感神経で減少。

血液中の $CO_2$ 濃度

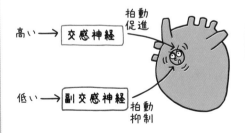

高い → 交感神経 → 拍動促進

低い → 副交感神経 → 拍動抑制

血流量を増やせば
酸素をたくさん運
べるね。

✿ 右心房にある ⌈ペースメーカー⌋ (洞房結節) は, 心臓を規則的な ⌈リズム⌋ で ⌈自動的⌋ に拍動させるはたらきをもっています。これを, 心臓の自動性 といいます。

> 心臓は自動性をもっているけど, 神経系による調節も受けるよ。

☾ ⌈ペースメーカー⌋ に分布する交感神経と副交感神経は, 心臓の ⌈拍動⌋ を調節することで, からだを循環する ⌈血流量⌋ を調節します。

①血液中の二酸化炭素濃度が高いとき

交感神経がはたらく
↓
拍動促進
↓
血流量増加

②血液中の二酸化炭素濃度が低いとき

副交感神経がはたらく
↓
拍動抑制
↓
血流量減少

··· 💤寝る前にもう一度 ···
✿ 拍動のリズムつくる, ペースメーカー。
☾ 血流量は, 交感神経で増加, 副交感神経で減少。

★ 今夜おぼえること

## ✿ホルモンつくる，内分泌腺。

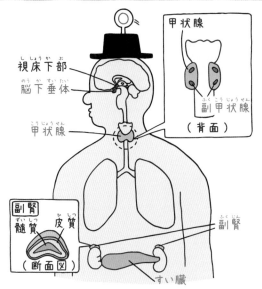

甲状腺

視床下部

脳下垂体

副甲状腺

（背面）

甲状腺

副腎
髄質　皮質

（断面図）

副腎

すい臓

3章

> ホルモンは，神経系とは別の
> 方法でからだを調整する物
> 質。内分泌腺は，ホルモンを
> つくる器官だよ。

## 内分泌腺とホルモン （→p.116）

| 内分泌腺 | | | ホルモン |
| --- | --- | --- | --- |
| 視床下部 | | | 放出ホルモン |
| | | | 放出抑制ホルモン |
| 脳下垂体 | 前葉 | | 成長ホルモン |
| | | | 甲状腺刺激ホルモン |
| | | | 副腎皮質刺激ホルモン |
| | 後葉 | | バソプレシン |
| 甲状腺 | | | チロキシン |
| 副甲状腺 | | | パラトルモン |
| 副腎 | 髄質 | | アドレナリン |
| | 皮質 | | 糖質コルチコイド |
| | | | 鉱質コルチコイド |
| すい臓 （ランゲルハンス島） | A細胞 | | グルカゴン |
| | B細胞 | | インスリン |

今夜は，　　　　　で囲んだ5つの内分泌腺の場所と名前を覚えよう。

## ホルモンつくる，内分泌腺。

★ 今夜おぼえること

## ☆☆ホルモンは微量ではたらき，効果は持続的。

バソプレシン
脳下垂体後葉で分泌
腎臓での水の再吸収促進

チロキシン
甲状腺で分泌
化学反応促進

アドレナリン
副腎髄質で分泌
血糖濃度の上昇

鉱質コルチコイド
副腎皮質で分泌
ナトリウムイオンの
再吸収促進

グルカゴン
すい臓のランゲルハ
ンス島A細胞で分泌
血糖濃度の上昇

インスリン
すい臓のランゲルハ
ンス島B細胞で分泌
血糖濃度の低下

各内分泌腺からは，はたらきの異なるホルモンが分泌されるよ。

★ 今夜のおさらい

🟣 内分泌腺とホルモン (→p.116)

| 内分泌腺 | | | ホルモン |
|---|---|---|---|
| 視床下部 | | | 放出ホルモン |
| | | | 放出抑制ホルモン |
| 脳下垂体 | 前葉 | | 成長ホルモン |
| | | | 甲状腺刺激ホルモン |
| | | | 副腎皮質刺激ホルモン |
| | 後葉 | | （バソプレシン） |
| 甲状腺 | | | （チロキシン） |
| 副甲状腺 | | | パラトルモン |
| 副腎 | 髄質 | | （アドレナリン） |
| | 皮質 | | 糖質コルチコイド |
| | | | （鉱質コルチコイド） |
| すい臓 (ランゲルハンス島) | A細胞 | | （グルカゴン） |
| | B細胞 | | （インスリン） |

今夜は，（ ）で囲んだ6つのホルモンの名前とはたらきを覚えよう。

💤 寝る前にもう一度

🟣 ホルモンは微量ではたらき，効果は持続的。

### ★今夜おぼえること

## ✪内分泌腺は排出管なし。

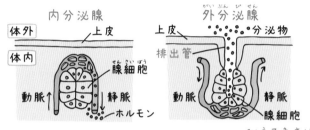

内分泌腺

| 体外 | 上皮 |
| 体内 | |

腺細胞

動脈　静脈

ホルモン

外分泌腺

上皮・・・分泌物

排出管

動脈　静脈

腺細胞

## ☾特定のホルモンがねらう，標的細胞の受容体。

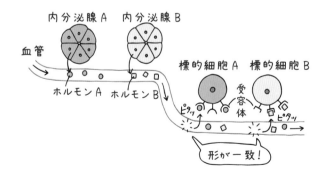

内分泌腺A　内分泌腺B

血管

ホルモンA　ホルモンB

標的細胞A　標的細胞B

受容体

ピタッ　ピタッ

形が一致！

3章

85

❀内分泌腺から分泌されるホルモンは、血液などの体液中に直接放出されます。外分泌腺から分泌される汗や消化液は、排出管を通じて体外や消化管内に放出されます。

☽ホルモンは、血液によって標的器官へ運ばれ、標的細胞の受容体と結合して、その細胞に作用します。受容体は、特定のホルモンにだけ結合できる構造をもっています。

同じホルモンでも、器官や細胞によっては、作用が異なる場合もあります。

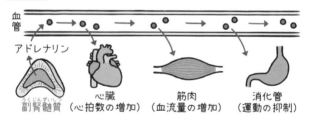

血管
アドレナリン

副腎髄質　　心臓　　　　　　筋肉　　　　　消化管
　　　　（心拍数の増加）（血流量の増加）（運動の抑制）

💤寝る前にもう一度
❀内分泌腺は排出管なし。
☽特定のホルモンがねらう、標的細胞の受容体。

★ 今夜おぼえること

### ✪神経のくせにホルモン分泌，神経分泌細胞。

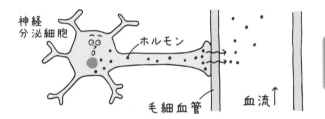

神経分泌細胞

ホルモン

毛細血管

血流↑

### ☾ホルモン分泌調節者，視床下部と脳下垂体。

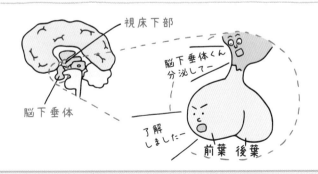

視床下部

脳下垂体

脳下垂体くん
分泌してー

了解
しましたー

前葉 後葉

3章

😊 神経細胞がホルモンを分泌する現象を 神経分泌 ，ホルモンを分泌する神経細胞を 神経分泌細胞 といいます。

🌙 視床下部の 神経分泌細胞 から，脳下垂体前葉に分泌される放出ホルモンや放出抑制ホルモンは，脳下垂体前葉のホルモン分泌を調節します。

視床下部の神経分泌細胞の一部は，脳下垂体後葉までのびていて，脳下垂体後葉の血液中に直接バソプレシンを分泌します。

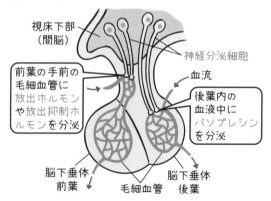

視床下部
（間脳）

神経分泌細胞

血流

前葉の手前の毛細血管に放出ホルモンや放出抑制ホルモンを分泌

後葉内の血液中にバソプレシンを分泌

脳下垂体前葉

毛細血管

脳下垂体後葉

☆ 神経のくせにホルモン分泌，神経分泌細胞。

🌙 ホルモン分泌調節者，視床下部と脳下垂体。

☐ 　月　　日
☐ 　月　　日

### ★ 今夜おぼえること

## ✿ フィードバックでホルモン分泌を調節。

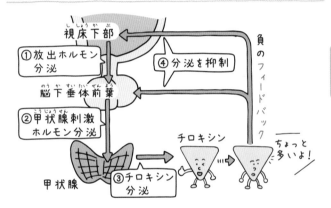

視床下部

① 放出ホルモン分泌

④ 分泌を抑制

脳下垂体前葉

② 甲状腺刺激ホルモン分泌

甲状腺

③ チロキシン分泌

チロキシン

ちょっと多いよ！

負のフィードバック

3章

## ☾ 体液の塩分濃度上昇→バソプレシンの分泌促進。

水分の再吸収を促進！

89

✵結果が原因にさかのぼって作用することを フィードバック といい，結果が原因を 抑制 するフィードバックを負のフィードバックといいます。

ホルモンの分泌量はふつう， 負 のフィードバックによって調節されています。

☾バソプレシンは，腎臓に作用して水分の再吸収を促進します。間脳の 視床下部 が体液の塩分濃度の変化を感知すると， 脳下垂体後葉 からの バソプレシン の分泌が調節されます。

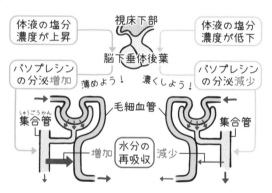

・・・💤寝る前にもう一度

✵フィードバックでホルモン分泌を調節。

☾体液の塩分濃度上昇 → バソプレシンの分泌促進。

## ★今夜おぼえること

**✪ 🔵合わせ 血糖濃度はオー（0）ワン（1）ダフル（0.1%）。**

3章

**🌙 血糖濃度上げるのは糖質コルチコイド・アドレナリン・グルカゴン。**

タンパク質 ⟹ グルコース ⟸ グリコーゲン（肝臓）

↓

血糖濃度の上昇

## ★ 今夜のおさらい

✿ 血液中に含まれるグルコースを血糖といいます。ヒトの血糖濃度は、ふつう空腹時で約 0.1 ％（血液100mL当たり約 100 mg）に保たれています。

> 血糖濃度は血糖値ともよばれるね。

🌙 血糖濃度が低下すると、 副腎髄質 からアドレナリン、 副腎皮質 から糖質コルチコイド、すい臓のランゲルハンス島 A細胞 からグルカゴンが分泌されます。

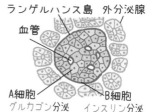

ランゲルハンス島　外分泌腺
血管
A細胞
グルカゴン分泌
B細胞
インスリン分泌

アドレナリン と グルカゴン はグリコーゲンをグルコースに分解する反応を促進し、 糖質コルチコイド はタンパク質からグルコースを合成する反応を促進します。

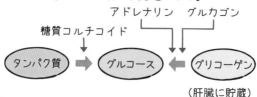

糖質コルチコイド　　　　　アドレナリン　グルカゴン

タンパク質 ➡ グルコース ⬅ グリコーゲン

（肝臓に貯蔵）

- - - - - 💤 寝る前にもう一度 - - - - -
✿ 血糖濃度はオー（0）ワン（1）ダブル（0.1％）。
🌙 血糖濃度上げるのは糖質コルチコイド・アドレナリン・グルカゴン。

## ★今夜おぼえること

### ✪血糖濃度下げるのはインスリン。

すい臓のランゲルハンス島（B細胞）

インスリン「グルコースを細胞に取り込むよ！」「グルコースをグリコーゲンに変えるよ！」インスリン

細胞 ⟸ グルコース ⟹ グリコーゲン（肝臓）

血糖濃度の低下

### ☾インスリンがはたらかず起こる

### 糖尿病。

食べすぎたー

うっぷ…

高血糖濃度の血液によって，眼や腎臓の血管障害が起こるんだよ。

3章

93

✿血糖濃度が上昇すると，すい臓のランゲルハンス島（とう）[B細胞]からインスリンが分泌されます。インスリンは，細胞内へのグルコースの[取り込み]や細胞中のグルコースの[分解]を促進したり，肝臓でのグルコースから[グリコーゲン]への合成を促進したりします。

血糖濃度の低下

☽インスリンの分泌量が[不足]したり，[標的細胞]（ひょうてきさいぼう）がインスリンに反応しにくくなったりすることで，糖尿病になります。

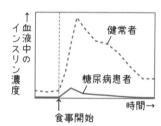

赤いグラフはインスリンの分泌量が不足している糖尿病患者の例だよ。

····💤寝る前にもう一度····
✿血糖濃度下げるのはインスリン。
☽インスリンがはたらかず起こる糖尿病。

★今夜おぼえること

## ✿体温低下で，放熱量は減少，発熱量は増加。

放熱量減少　　　　　　発熱量増加

皮膚の
血管の収縮

心臓の
拍動の促進
代謝の促進
骨格筋の
ふるえ

## ☽体温上昇で，放熱量は増加，発熱量は減少。

汗が蒸発するときに体表の熱を
奪うので，汗をかくのは放熱量
を増加するのに役立つね。

## ★ 今夜のおさらい

☾ 体温調節の中枢は間脳の 視床下部 にあります。

体温低下の場合，交感神経 がはたらいて皮膚の血管が

収縮 し，放熱が抑制されます。

副腎髄質 から アドレナリン，甲状腺から チロキシン が

分泌されて代謝が 促進 され，発熱量が 増加 します。ア

ドレナリンは心臓の拍動を 促進 し，血流量を増加させま

す。運動神経が直接作用して 骨格筋 がふるえ，熱が発

生します。

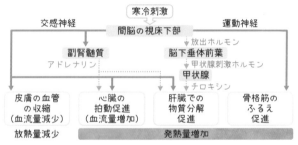

● 体温上昇の場合，副交感神経 がはたらいて心臓の拍

動が 抑制 され，肝臓での代謝が 抑制 され，発熱量が

減少 します。

皮膚に分布する交感神経によって発汗が 促進 されます。

### 💤 寝る前にもう一度

- ☾ 体温低下で，放熱量は減少，発熱量は増加。
- ● 体温上昇で，放熱量は増加，発熱量は減少。

## ★今夜おぼえること

### ✿出血止める血ぺいつくる血小板。

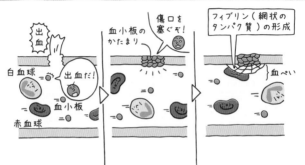

### ☽血液は血ぺいと血清に分離。

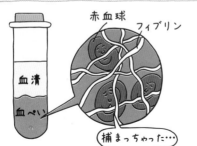

フィブリンが
集まって,
網みたいにな
っているよ。

3章

**★ 今夜のおさらい**

❀ 血液凝固のしくみ

① 傷口に 血小板 が集まります。

② 血小板 から放出された凝固因子と 血しょう 中の別の
　凝固因子によって フィブリン ができます。

③ フィブリンが網状につながって，血球 をからめ取り，
　血ぺい になります。

④ 血ぺい が傷口を塞ぐことで止血されます。

① 血小板 <sup>放出</sup>→ ② 凝固因子　凝固因子（血しょう中）→ ③ フィブリン　血球 → ④ 血ぺい

🌙 採血した血液を試験管に入れておくと，血液凝固が起こり，かたまり状の 血ぺい と淡黄色をした 血清 とよばれる液体に分かれます。

血清は，上澄みの液体だよ。

**💤 寝る前にもう一度**

❀ 出血止める血ぺいつくる血小板。

🌙 血液は血ぺいと血清に分離。

★ 今夜おぼえること

## ✪ 異物の侵入防ぐ, 物理・化学的防御。

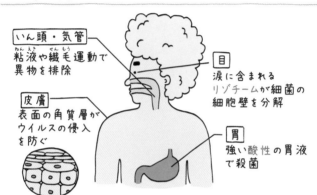

**いん頭・気管**
粘液や繊毛運動で異物を排除

**目**
涙に含まれるリゾチームが細菌の細胞壁を分解

**皮膚**
表面の角質層がウイルスの侵入を防ぐ

**胃**
強い酸性の胃液で殺菌

3章

## 🌙 免疫は, <u>自然</u>と<u>獲得</u>。
(自然免疫) (獲得免疫)

| 自然免疫 | 獲得免疫 |

異物 食細胞

異物

❀ 皮膚や，粘膜から分泌される粘液などによって，異物が体内に侵入するのを防ぐのが物理的防御です。胃液など酸性の液が細菌の増殖を防いだり，涙やだ液に含まれるリゾチームが細菌の細胞壁を分解したりするのが化学的防御です。

物理・化学的防御は，異物の侵入に対する最初の防御機構だよ。

☽ 体内に侵入した異物は，免疫により排除されます。免疫には，生まれつき備わった自然免疫と生まれてから獲得する獲得免疫（適応免疫）があります。

| 種類 | | おもなはたらき |
|---|---|---|
| 自然免疫 | | 食作用などによる非特異的な反応 |
| 獲得免疫 | 体液性免疫 | 抗体による特異的な反応 |
| | 細胞性免疫 | キラーT細胞による特異的な反応 |

.·ᶻᶻ寝る前にもう一度·····
❀ 異物の侵入防ぐ，物理・化学的防御。
☽ 免疫は，自然と獲得。

☐ 月 日
☐ 月 日

## ★今夜おぼえること

### ✪自然免疫は, 白血球による食作用。

**自然免疫ではたらく白血球(食細胞)**

好中球

マクロファージ

樹状細胞

3章

### ☽獲得免疫ではたらくリンパ球。食細胞も重要なはたらき。

リンパ球

B細胞

T細胞

食細胞

樹状細胞

🌑 自然免疫では，白血球の一種である好中球やマクロファージ，樹状細胞が，体内に侵入した異物を取り込み 分解 します。細胞が異物を取り込み分解することを 食作用 といい，食作用にかかわる白血球を食細胞といいます。

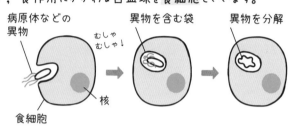

病原体などの異物

むしゃむしゃ！

異物を含む袋

異物を分解

核

食細胞

🌙 獲得免疫では，B細胞やT細胞などの リンパ球 がはたらきます。リンパ球も白血球の一種で，ほかの白血球と同じように骨髄で生まれます。樹状細胞による 食作用 は，獲得免疫においても重要な役割を果たします。

B細胞は骨髄（Bone marrow），T細胞は胸腺（Thymus）で成熟。

💤 寝る前にもう一度

🌑 自然免疫は，白血球による食作用。

🌙 獲得免疫ではたらくリンパ球。食細胞も重要なはたらき。

## ★今夜おぼえること

### ✿異物の排除，特異的なのは獲得免疫。

自然免疫

バクッ 食細胞
あーん
（何でも食べる）

獲得免疫

パン パン えいやー

こうたいさんせいさいぼう
抗体産生細胞 キラーT細胞

（特定の異物を排除）

### ☽樹状細胞，食後に行う抗原提示。

じゅじょうさいぼう こうげんていじ

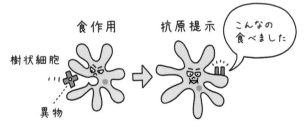

食作用 　　　　抗原提示 （こんなの食べました）

樹状細胞

異物

※マクロファージやB細胞も抗原を提示します。

😈 自然免疫 で排除しきれなかった異物に対しては，獲得免疫 がはたらきます。**自然免疫の食作用は，不特定の異物に対して行われますが（非特異的），獲得免疫は特定の異物に対してはたらきます（特異的）。**

獲得免疫には，体液性免疫と細胞性免疫があるよ。

🌙 樹状細胞が取り込んだ異物（抗原とよばれる）の断片を細胞の 表面 に提示することを，抗原提示 といいます。

（抗原提示のしくみ）

①樹状細胞は，体内に侵入してきた異物を 食作用 によって分解します。

②樹状細胞は，分解した異物の一部を 表面 に移動させ，提示します。

③樹状細胞から抗原提示を受けた T細胞 のうち，提示された抗原に適合したものだけが**活性化**します。

···💤 寝る前にもう一度···
😈 異物の排除，特異的なのは獲得免疫。
🌙 樹状細胞，食後に行う抗原提示。

## ★今夜おぼえること

### ✪ 抗原と抗体が特異的に結合, 抗原抗体反応。

### ☽ 抗体が関与, 体液性免疫。
（獲得免疫の一種）

3章

体液性免疫

抗原
抗原の侵入

捕まえた！

④抗原抗体反応

樹状細胞

②抗原提示

抗原を認識！
B細胞を
活性化

ヘルパー
T細胞

①特異的
に結合

抗体

活性化

③増殖・分化

抗体産生細胞

記憶細胞

B細胞

記憶細胞

105

❤ 抗体は抗原と 特異的 に結合します。この反応を
抗原抗体反応 といいます。

抗体は， B細胞 によって
つくられる 免疫グロブリン
とよばれるタンパク質です。
抗体が抗原と結合すること
で，抗原は 無毒化 されま
す。

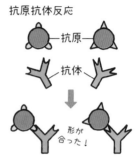

抗原抗体反応

抗原

抗体

形が
合った！

🌙 体液性免疫 のしくみ

① B細胞 は，認識した抗原を取り込み，その断面を表
面に提示します。

② 樹状細胞の抗原提示を受けた ヘルパーT細胞 は，同
じ抗原情報を提示している B細胞 を活性化します。

③ 活性化したB細胞は増殖し， 抗体産生細胞 （形質
細胞）となり，抗体を放出します。

④ 抗原抗体反応 によって生じた抗原抗体複合体は，食
細胞の 食作用 によって排除されます。

···🌙💤 寝る前にもう一度 ·······

❤ 抗原と抗体が特異的に結合，抗原抗体反応。

🌙 抗体が関与，体液性免疫。

## ★ 今夜おぼえること

### ✿ キラーT細胞が関与, <u>細胞性免疫。</u>
（獲得免疫の一種）

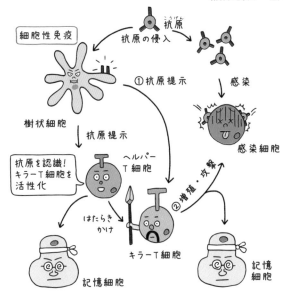

免疫記憶ですばやく<u>二次応答。</u>

★今夜のおさらい

❀ 細胞性免疫 のしくみ

① 抗原提示を受けたキラーT細胞は活性化します（ヘルパーT細胞のはたらきかけが必要な場合もあります）。

② 活性化した キラーT細胞 は，ウイルスなどに感染した細胞を直接攻撃します。

> 臓器移植後に見られる拒絶反応は，移植された細胞がキラーT細胞に攻撃されることによって起こるよ。

☽ ヘルパーT細胞やキラーT細胞，またB細胞の一部は，記憶細胞 として体内に残ります。記憶細胞は，再び同じ抗原が侵入するとすぐに増

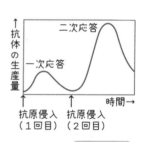

殖して，二次応答を起こします。このような 免疫記憶 によって，二次応答は一次応答よりもすばやく 強く なります。

┈⋯Ⓩ 寝る前にもう一度⋯┈
- ❀ キラーT細胞が関与，細胞性免疫。
- ☽ 免疫記憶ですばやく二次応答。

## ★ 今夜おぼえること

### ❀ 過敏な 免疫反応が起こす アレルギー。

即時型アレルギー

ふぁー

へくしょん！

直ちに症状が現れる
体液性免疫が関与

遅延型アレルギー

かゆいー！

1～2日後に症状が現れる
細胞性免疫が関与

### ☽ 生命にかかわる，アナフィラキシーショック。

ハチの毒や食べ物，
薬などによって，
起こるんだよ。

3章

109

✿ 抗原に対する <u>免疫反応</u>が過敏に起こることで生体に不都合が生じることを [アレルギー] といいます。スギの花粉、サバ、鶏卵、ウルシなどのようにアレルギーを引き起こす抗原を [アレルゲン] といいます。

(花粉症のしくみ)

① 花粉中のタンパク質に対し、[B細胞] が抗体をつくります。

② 再び花粉が侵入すると、抗体が [抗原] である花粉のタンパク質と反応して、<u>アレルギー症状</u>が現れます。

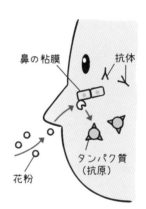

鼻の粘膜　　抗体
タンパク質（抗原）
花粉

☽ 重度のアレルギーにより、数分から数時間の短時間に起こる急激な血圧低下や意識低下などの全身性の症状を [アナフィラキシーショック] といい、死に至ることがあります。

💤 寝る前にもう一度

✿ 過敏な免疫反応が起こすアレルギー。

☽ 生命にかかわる、アナフィラキシーショック。

110

★今夜おぼえること

### ☆HIVがヘルパーT細胞に感染・破壊するエイズ。

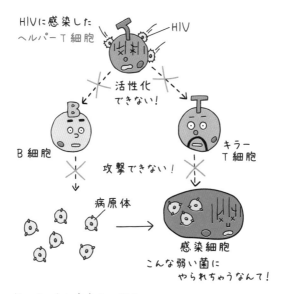

HIVに感染した
ヘルパーT細胞

HIV

活性化
できない！

B細胞

キラー
T細胞

攻撃できない！

病原体

感染細胞

こんな弱い菌に
やられちゃうなんて！

### ☽自己免疫疾患は，抗体などが自分の細胞を攻撃。

3章

✿エイズ（後天性免疫不全症候群）は, HIV （ヒト免疫不全ウイルス）が ヘルパーT細胞 に感染することで, 免疫機能が極端に低下する病気です。

> 免疫力の低下によって, 健康な人では発症しないような病気にかかることを日和見感染というよ。

☽自己免疫疾患では, 自分自身の正常な細胞や組織が 抗原 と認識され, 抗体 やキラーT細胞が攻撃してしまいます。

| 病名 | 症状 |
|---|---|
| 関節リウマチ | 関節が炎症を起こしたり変形したりする。 |
| 1型糖尿病 | ランゲルハンス島 B細胞 が攻撃され, インスリン が分泌されなくなる。 |
| 全身性エリテマトーデス | 全身の関節や内臓に障害が生じるが, 人によって部位が異なる。 |
| 多発性筋炎 | 筋肉に障害が起こり, 筋力低下や痛みが生じる。 |

···💤寝る前にもう一度···

✿HIVがヘルパーT細胞に感染・破壊するエイズ。

☽自己免疫疾患は, 抗体などが自分の細胞を攻撃。

## ★ 今夜おぼえること

### ✪ 自分で抗体つくる, 予防接種。

病原体
病原性あり

↓弱毒化・無毒化

ワクチン
病原性なし

予防接種

発症しない

一次応答

記憶細胞

記憶細胞が
つくられる

二次応答

すばやく強い
二次応答により
発症しないか
発症しても軽い

### ☾ つくってもらった抗体使う, 血清療法。

ヘビ毒
(抗原)

ガブッ

キャーッ

血清
(別の動物が
つくった抗体)

ウマやウサギ
につくっても
らうんだ。

3章

☪**予防接種**は，無毒化または弱毒化した病原体や毒素などの抗原（ ワクチン ）を接種し，その抗原に対する 記憶細胞 をつくらせておく方法です。

例　インフルエンザ，日本脳炎，はしかなど

> すぐに免疫反応が起こるよう
> あらかじめ準備しておくんだね。

☾**血清療法**は，ほかの動物にあらかじめ 抗体 をつくらせておき，それを多量に含む 血清 を患者に投与します。

例　ヘビ毒など

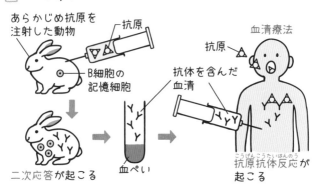

あらかじめ抗原を
注射した動物
抗原
B細胞の
記憶細胞
二次応答が起こる
血ぺい
血清療法
抗原
抗体を含んだ
血清
抗原抗体反応が
起こる

😴寝る前にもう一度

☪自分で抗体つくる，予防接種。

☾つくってもらった抗体使う，血清療法。

# 自律神経系の分布

自律神経系の多くは，いくつかのものが集まったり再び分かれたりして，さまざまな内臓器官に分布しているよ。

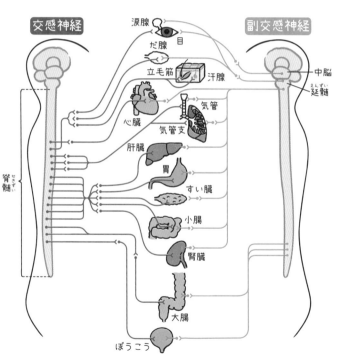

交感神経　　　　　　　副交感神経

涙腺
だ腺
目
立毛筋
汗腺
中脳
延髄
心臓
気管
気管支
肝臓
胃
すい臓
小腸
腎臓
脊髄
大腸
ぼうこう

# ヒトのおもなホルモン

| 内分泌腺 | | ホルモン | はたらき |
|---|---|---|---|
| 視床下部（ししょうかぶ） | | 放出ホルモン | 脳下垂体のホルモンの分泌促進 |
| | | 放出抑制ホルモン | 脳下垂体のホルモンの分泌抑制 |
| 脳下垂体（のうかすいたい） | 前葉 | 成長ホルモン | タンパク質合成促進 |
| | | 甲状腺刺激ホルモン | チロキシンの分泌促進 |
| | | 副腎皮質刺激ホルモン | 糖質コルチコイドの分泌促進 |
| | 後葉 | バソプレシン | 腎臓の集合管での水の再吸収の促進 |
| 甲状腺（こうじょうせん） | | チロキシン | 体内の化学反応を促進 |
| 副甲状腺（ふくこうじょうせん） | | パラトルモン | 血液中のカルシウムイオン濃度の上昇促進 |
| 副腎（ふくじん） | 髄質（ずいしつ） | アドレナリン | 血糖濃度の上昇促進 |
| | 皮質（ひしつ） | 糖質コルチコイド | 血糖濃度の上昇促進 |
| | | 鉱質コルチコイド | 体液中のナトリウムイオンとカリウムイオンの濃度の調節 |
| すい臓 | A細胞 | グルカゴン | 血糖濃度の上昇促進 |
| | B細胞 | インスリン | 血糖濃度の低下促進 |

★ 今夜おぼえること

## ✿植生は森林, 草原, 荒原の3つ。

森林

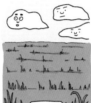
草原

荒原

4章

## ●階層構造は高→亜高→低→草。
(高木層)（亜高木層）（低木層)(草本層)

いろいろな高さの木が生えているね。

117

✿ ある場所に生育している植物すべてを 植生 といい, 森林, 草原, 荒原 の3つに大別されます。植生の見た目の様子は 相観 とよばれ, 個体数が多く, 占有する生活空間が最も大きい 優占種 によって特徴づけられます。

☽ 森林の最上部は 林冠, 地表付近は 林床 とよばれます。森林には林冠部から 高木層 → 亜高木層 → 低木層, 林床部の 草本層 という 階層構造 が見られます。林冠から林床にかけて, 届く光の量は 少なく なります。そのため, それぞれの層に届く 光 の量に適応した植物が生育します。

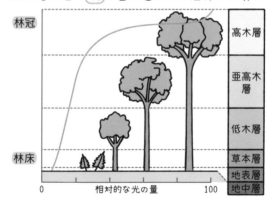

林冠
林床
0　　　相対的な光の量　　　100
高木層
亜高木層
低木層
草本層
地表層
地中層

༺ᶻᶻ 寝る前にもう一度 ༒

✿ 植生は森林, 草原, 荒原の3つ。
☽ 階層構造は高 → 亜高 → 低 → 草。

★ 今夜おぼえること

## ✪ 光合成速度は見かけの光合成

## 速度 + 呼吸速度。

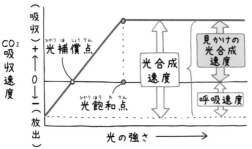

## ● 日なた大好き 陽生植物, 光補償

## 点も光飽和点も高い。

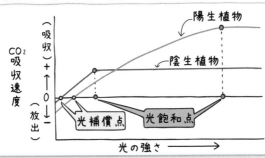

## ★ 今夜のおさらい

🌑 植物が単位時間に吸収する二酸化炭素（$CO_2$）量を 光合成速度 ，放出する$CO_2$量を 呼吸速度 といいます。光合成速度は光の強さに伴い 大きく なり，光合成速度と呼吸速度が等しくなる 光補償点 では，見かけ上，$CO_2$の出入りがなくなります。実際の光合成速度を求めるには 見かけの光合成速度 に 呼吸速度 を加えます。光合成速度がそれ以上大きくならない光の強さを 光飽和点 とよびます。

🌙 弱い光のもとでも育つ 陰生植物 に対し，強い光のもとで育つ 陽生植物 は光補償点も光飽和点も 高く なります。同様に，1つの植物体の中でも，日当たりのよいところにつく 陽葉 は，日当たりの悪いところにつく 陰葉 に対し，光補償点や光飽和点が 高く なります。

陽葉（断面）　葉が厚い

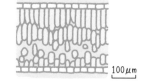

100μm

陰葉（断面）　葉が薄い

100μm

・・・😴 寝る前にもう一度

🌑 光合成速度は見かけの光合成速度＋呼吸速度。
🌙 日なた大好き陽生植物，光補償点も光飽和点も高い。

120

## ★ 今夜おぼえること

### ⭐ゴロ合わせ 森林の土壌はラクに腐る。
(落葉・落枝) (腐植)

**土壌の構造**

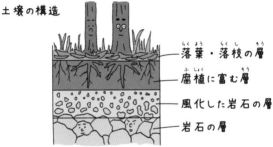

- 落葉・落枝の層
- 腐植に富む層
- 風化した岩石の層
- 岩石の層

### 🌙雨が少ないと草原, すごく少ないと荒原。

草原 ( サバンナ )

荒原 ( 砂漠 )

4章

🌏 森林 の土壌は, よく発達して垂直方向に 層状 の構造をとります。上部には 落葉 ・落枝などが堆積した層, その下に微生物による分解が進んだ 腐植 に富む層, さらに下に岩石が 風化 して細かくなった層が続きます。

🌙 年間の降水量が 少ない 地域では樹木は育たず, イネのなかまなどからなる 草原 が分布します。草原としては サバンナ と ステップ が知られています。また, 極端に年間の降水量が 少ない, 極端に気温が 低い などの地域では, 砂漠 や ツンドラ といった, 植物がまばらに見られるのみの 荒原 が分布します。

草原（ステップ）

荒原（ツンドラ）

🌏 森林の土壌はラクに腐る。

🌙 雨が少ないと草原, すごく少ないと荒原。

122

★今夜おぼえること

## ✪ 0から始まる一次遷移と回復型
（乾性遷移と湿性遷移がある）
の二次遷移。

一次遷移の始まり

**乾性遷移**

**湿性遷移**

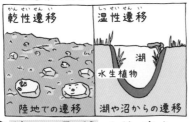

陸地での遷移　　　湖や沼からの遷移

二次遷移の始まり

土に埋まった種子

## ☽ 乾性遷移（前半）は裸地→草原
→低木林。

裸地　　　　草原　　　　低木林

4章

123

✿ ある場所の植生が一定の方向性をもって変化していく現象を 遷移 といいます。溶岩流跡や土砂崩れ跡のように 土壌 がほとんどない裸地や湖沼から始まる 一次遷移 （乾性遷移と湿性遷移がある）と, 山火事跡や森林の 伐採跡地 など, 以前存在した 土壌 や植物の 種子 を引き継いで始まる 二次遷移 があります。

☾ 裸地 には, 乾燥に強い 地衣類 や コケ植物 が最初に侵入しますが, このような植物を 先駆植物（先駆種） （パイオニア植物（パイオニア種）） といいます。続いて, 強い光のもとで生育できるススキやチガヤなどの 草本植物 が侵入して 草原 となると, 水分や養分を含んだ 土壌 が形成されます。鳥や風に運ばれた種子のうち, 日なたでの生育がはやいアカマツなどの 陽樹 が芽生えて 低木林 をつくります。

ススキ

アカマツ

･ﾟ💤寝る前にもう一度 ･ﾟ
✿ 0 から始まる一次遷移と回復型の二次遷移。
☾ 乾性遷移（前半）は裸地 → 草原 → 低木林。

★今夜おぼえること

## ☆乾性遷移（後半）は陽樹→混交 →極相林。

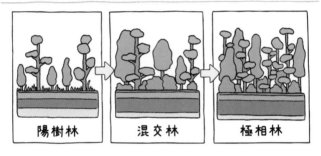

陽樹林 → 混交林 → 極相林

4章

## ●林冠のギャップが樹種を更新。

林冠にできたギャップ

ギャップ大→陽樹が成長。
ギャップ小→陰樹が成長。

☾ 草原に侵入した 陽樹 が成長して 陽樹林 を形成すると，林床に届く光が 少なく なります。このよ

スダジイ

アラカシ

うな暗いところでは，スダジイやアラカシといった 陰樹 の幼木が生育し， 混交林 へと移行します。やがて陰樹を中心とする 陰樹林 が形成されると， 極相 （ クライマックス ）とよばれる安定した状態の森林となります（ 極相林 ）。

☾ 台風や病気などで木の枝が折れたり，木が倒れたりすると，林冠が途切れて ギャップ とよばれる空間が生じることがあります。小さなギャップでは 林床 に届く光が弱く，陰樹 の幼木が成長して 林冠 のギャップを埋めますが，大きなギャップでは林床に 強い 光が差すため，土壌中の 陽樹 の種子が発芽して成長し，極相林の林冠のギャップを埋めます。

⋯⋯ 💤 寝る前にもう一度 ⋯⋯⋯
☾ 乾性遷移（後半）は陽樹 → 混交 → 極相林。
☾ 林冠のギャップが樹種を更新。

★ 今夜おぼえること

### ✿ 湿性遷移は湖沼→湿原→草原。

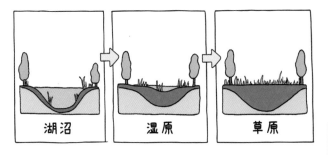

| 湖沼 | 湿原 | 草原 |

4章

### ☾ 二次遷移，土あり，種子あり，スピーディー！

森林火災から10年後の
ロッジポールパインの幼木

火災の熱で特
別な松かさが
開き，種子か
らすぐに芽が
出たよ。

❀湖沼に次第に土砂が堆積して水深が 浅く なると，クロモなどの 沈水 植物が繁茂するようになり，その後水面に浮かぶスイレンなどの 浮葉 植物が現れます。土砂の堆積が進むと湖沼は 湿原 へ，さらには 草原 へと変化します。ここへ樹木の種子が侵入して 低木林 を形成すると，乾性遷移と同じ経過をたどりながら 極相林 をつくります。

☾ 山火事 の跡地や森林の 伐採 跡地， 耕作放棄 された農地などから始まる 二次遷移 では， 土壌 が残っているため，土の中の 種子 や地下茎，切り株などから植物の芽生えが生じ，一次遷移と比べて 短 時間でもとのような植生に回復します。

| 通常の遷移 | クロマツ林 | → | アラカシ林<br>(20～70年後) | → | タブノキ林<br>(400～600年後) |
|---|---|---|---|---|---|

伐採 ↓

| 伐採による二次遷移 | クロマツ林断片<br>(10年後) | → | 二次低木林<br>(20年後) | → | シイ・タブノキ林<br>(150年後～) |
|---|---|---|---|---|---|

▲桜島にみられる二次遷移（1964年 Tagawaデータをもとに作成）

⋯⋯😴寝る前にもう一度⋯⋯⋯
❀湿性遷移は湖沼 → 湿原 → 草原。
☾二次遷移，土あり，種子あり，スピーディー！

### ★今夜おぼえること

## ☆バイオームは気温と降水量で決まる！

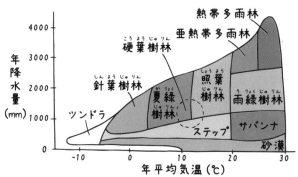

▲バイオームと気温・降水量

## ◐暖かさの指数でバイオームがわかる。

▼2015年の東京と札幌の月平均気温（上段）と5℃引いた値（下段）

| | 1月 | 2月 | 3月 | 4月 | 5月 | 6月 | 7月 | 8月 | 9月 | 10月 | 11月 | 12月 | 指数 |
|---|---|---|---|---|---|---|---|---|---|---|---|---|---|
| 東京 | 5.8 | 5.7 | 10.3 | 14.5 | 21.1 | 22.1 | 26.2 | 26.7 | 22.6 | 18.4 | 13.9 | 9.3 | |
| | 0.8 | 0.7 | 5.3 | 9.5 | 16.1 | 17.1 | 21.2 | 21.7 | 17.6 | 13.4 | 8.9 | 4.3 | 136.6 |
| 札幌 | -1.5 | -0.8 | 3.8 | 8.7 | 14.2 | 16.7 | 21.3 | 22.4 | 18.4 | 10.8 | 5.4 | 0.8 | |
| | | | 3.7 | 9.2 | 11.7 | 16.3 | 17.4 | 13.4 | 5.8 | 0.4 | | | 77.9 |

※下段の合計が暖かさの指数

4章

129

❀ある地域の植生と，そこに生息する動物などを含めたまとまりを バイオーム（生物群系）といいます。バイオームは 植生 にもとづいて分類されるため，その種類や分布はおもに 気温 と 降水量 で決まります。

▼気温とバイオーム

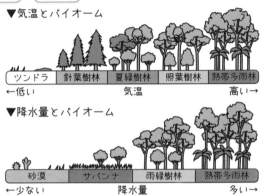

| ツンドラ | 針葉樹林 | 夏緑樹林 | 照葉樹林 | 熱帯多雨林 |

←低い　　　　　　　　気温　　　　　　　　高い→

▼降水量とバイオーム

| 砂漠 | サバンナ | 雨緑樹林 | 熱帯多雨林 |

←少ない　　　　　　降水量　　　　　　多い→

☽植物がうまく生育するには5℃以上が必要だと考え，平均気温が5℃以上ある月の月平均 気温 から5℃引いた値を，1年間分合計して 暖かさの指数 とします。

> 前ページの指数は，東京に照葉樹林（暖かさの指数85〜180）が，札幌に夏緑樹林（暖かさの指数45〜85）が分布することをそれぞれ示しているよ。

❀バイオームは気温と降水量で決まる！

☽暖かさの指数でバイオームがわかる。

## ★今夜おぼえること

### ✺熱帯・亜熱帯，高温多雨で樹が育つ。

1年中高温で降水量が多く，巨大な常緑広葉樹が育ちます。植物の種類が非常に多く，発達した階層構造が見られます。

### ☽雨緑は雨季だけ緑。

雨季　　乾季

高木のチークは，雨季に葉をつけ乾季に葉を落とす，落葉広葉樹です。

4章

❂ 熱帯多雨林 は，熱帯で年間を通して高温多湿な地域に分布します。 常緑広葉樹 からなり，東南アジアでは フタバガキ のなかまなどが見られます。つる植物や着生植物など，多くの種類の植物が森林を構成しています。

亜熱帯多雨林 は，熱帯より年平均気温がやや低い地域に分布します。樹木の高さは熱帯多雨林よりも 低く ，植物の種類も 少ない です。熱帯・亜熱帯の河口付近では耐塩性をもつ マングローブ が見られます。

フタバガキ

マングローブ

☽ 熱帯・亜熱帯で 雨季 と 乾季 をくり返す地域に分布するバイオームを 雨緑樹林 といい，乾季 に落葉するチーク などの 落葉広葉樹 が見られます。

❂ 熱帯・亜熱帯，高温多雨で樹が育つ。
☽ 雨緑は雨季だけ緑。

## ★今夜おぼえること

### ✵ショウヨウ樹林は, カシ, シイ, タブノキ。

スダジイ

照葉樹林の木は常緑広葉樹。カシ, シイ, タブノキなどがあります。

4章

### ☽ナツだけ緑, ブナ, ミズナラ。

ブナ

夏緑樹林の木は落葉広葉樹。ブナ, ミズナラ, カエデ, クリ, ケヤキなどがあります。

133

😊 照葉樹林 は, 温帯の中で年平均気温が高めの 暖温帯 に分布します。 常緑広葉樹 のアラカシや スダジイ, タブノキなどが代表例で, 葉の表面をおおう クチクラ層 が発達して光沢のある葉をつけます。

温帯の中でも, 夏は乾燥, 冬は雨が多い 地中海沿岸 などには 硬葉樹林 が分布します。分厚い クチクラ層 をもち, 小さくて 硬い 葉をつける オリーブ やコルクガシなどの 常緑広葉樹 が代表例です。

オリーブ

🌙 夏緑樹林は, 温帯の中で年平均気温が低めの 冷温帯 に分布します。 落葉広葉樹 の ブナ やミズナラ, カエデなどが森林を代表します。

照葉樹林は常に緑（常緑）, 夏緑樹林は夏だけ緑（落葉）と覚えよう。

😴 寝る前にもう一度

😊 ショウヨウ樹林は, カシ, シイ, タブノキ。

🌙 ナツだけ緑, ブナ, ミズナラ。

## ★ 今夜おぼえること

### ✿ 亜寒帯は針葉樹林だけ。

針葉樹林

トウヒなどの常緑針葉樹が一面をおおいます。

4章

### ☾ 草原はサバンナ，ステップ。
### 荒原は砂漠とツンドラ。

サバンナ　木がまばらにある　ステップ　木がほとんどない

砂漠　ツンドラ

## ★今夜のおさらい

☽亜寒帯に分布するバイオームを 針葉樹林 といい, 少ない 樹種で森林を構成します。おもにエゾマツや トウヒ などの 常緑針葉樹 が見られますが, シベリア東部では落葉針葉樹の カラマツ が見られます。針葉樹林は森林のバイオームの中で最も気温の 低い 地域に分布します。これ以上寒い地域では, 降水量にかかわらず ツンドラ が分布します。

☾年降水量が少ないと 樹木 は生育できず, 草原になります。草原には, 気温の高い順に サバンナ と ステップ が分布します。さらに乾燥した地域では 砂漠 が分布します。

▼世界のバイオームと分布

赤道

■熱帯・亜熱帯多雨林 □雨緑林 ■サバンナ □砂漠 ■硬葉樹林
□照葉樹林 □夏緑樹林 □ステップ □針葉樹林 □ツンドラ

- - - 😴寝る前にもう一度 - - - - - - - - - -
: ☽亜寒帯は針葉樹林だけ。
: ☾草原はサバンナ, ステップ。荒原は砂漠とツンドラ。
- - - - - - - - - - - - - - - - - - - - -

## ★今夜おぼえること

### ☆水平分布は南から亜熱帯多雨→照葉→夏緑→針葉樹林。

▼日本のバイオーム(水平分布)

針葉樹と落葉
広葉樹の混交林

**亜熱帯多雨林**
亜熱帯
ヘゴ
ガジュマル

**照葉樹林**
暖温帯(暖帯)
スダジイ
アラカシ
タブノキ

**夏緑樹林**
冷温帯(温帯)
ブナ
ミズナラ

**針葉樹林**
亜寒帯
エゾマツ
トドマツ

4章

### ☽垂直分布は下から照葉→夏緑→針葉樹林。

▼日本のバイオーム(垂直分布)

標高
(m)

富士山

森林限界

本州

北海道

高山帯

亜高山帯　屋久島　九州　四国　中国

山地帯

丘陵帯

4000
3000
2000
1000
0

137

✿ 日本はどこでも十分な降水量が得られるため，基本的に 森林 が成立し， 気温 に応じたバイオームの分布が見られます。気温は緯度により異なり，緯度に応じたバイオームの分布を 水平分布 といいます。日本では南から順に，**亜熱帯多雨林**→ 照葉樹林（しょうようじゅりん）→ 夏緑樹林（かりょくじゅりん）→ 針葉樹林（しんようじゅりん）と分布します。

☽ 高山では 標高 に応じて気温が変化するため，バイオームの分布が 垂直 方向に現れます。これを 垂直分布 といいます。山地はふもとから 丘陵帯 ， 山地帯 ， 亜高山帯 ，次いで 高山帯 とよばれ，低い方から水平分布と 同じ バイオームが分布します。 森林限界 以上では，高木の樹木は生育できず，低木林や 高山草原 が見られます。

▼垂直分布（日本中部）

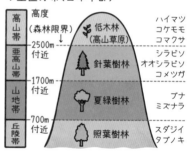

| 高山帯 | 高度（森林限界）↓ | 低木林（高山草原） | ハイマツ コケモモ コマクサ |
| 亜高山帯 | — 2500m 付近 — 針葉樹林 | | シラビソ オオシラビソ コメツガ |
| 山地帯 | — 1700m 付近 — 夏緑樹林 | | ブナ ミズナラ |
| 丘陵帯 | — 700m 付近 — 照葉樹林 | | スダジイ タブノキ |

💤 寝る前にもう一度

✿ 水平分布は南から 亜熱帯多雨 → 照葉 → 夏緑 → 針葉樹林。
☽ 垂直分布は下から 照葉 → 夏緑 → 針葉樹林。

## ★今夜おぼえること

### ✿生物と非生物的環境からなる生態系。

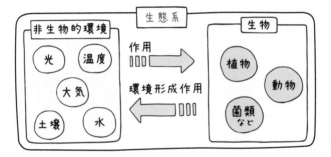

生態系

非生物的環境
光　温度　大気　土壌　水

作用 ⇒

環境形成作用 ⇐

生物
植物　動物　菌類など

### ☽植物が生産，動物が消費。
（生産者）　　　（消費者）

生産者
植物など

消費者
植物食性動物
動物食性動物など

5章

139

✿生物とそれらを取り巻く非生物的環境を1つのまとまりとして捉えたものを 生態系 といいます。 非生物的環境 には，光・温度・大気・水・土壌などがあります。非生物的環境から生物へのはたらきかけを 作用 といい，生物から非生物的環境へのはたらきかけを 環境形成作用 といいます。

☽生物は， 生産者 と 消費者 に分けられます。

| 生産者 | | 無機物から有機物を合成する独立栄養生物。 | 光合成を行う植物や藻類 |
|---|---|---|---|
| 消費者 | | 外界から取り入れた有機物を利用する従属栄養生物。 | 動物や菌類・細菌 |
| | 分解者 | 消費者の中で，分解の過程にかかわる生物。 | 菌類・細菌 |

✿生物と非生物的環境からなる生態系。
☽植物が生産，動物が消費。

## ★ 今夜おぼえること

### ❀ ツルグレン装置で土壌動物の採取。

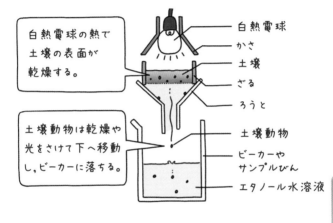

白熱電球の熱で土壌の表面が乾燥する。

土壌動物は乾燥や光をさけて下へ移動し、ビーカーに落ちる。

白熱電球
かさ
土壌
ざる
ろうと
土壌動物
ビーカーやサンプルびん
エタノール水溶液

5章

### ☾ 生物多様性は、生態系、種、遺伝子の3レベル。

3つの多様性は互いに深く関係しているよ。

⚙️土壌中の生物の調査

①採取した土壌を ツルグレン 装置のざるに入れ，ろうとの下に エタノール 水溶液を入れたビーカーを置き，白熱電球の光を照射します。→土壌動物は 白熱電球 による土壌の乾燥や光をさけて下へ移動し，ビーカーに落ちます。

②採取した土壌動物をペトリ皿に移し， ルーペ や双眼実体顕微鏡で観察します。

🌙生物多様性には， 生態系多様性 ， 種多様性 ， 遺伝的多様性 の3つのレベルがあります。

| 生態系多様性 | 地球上には森林や草原，湖沼，河川，海洋などさまざまな環境があり，それぞれの環境に対応した生態系がある。 |
|---|---|
| 種多様性 | 生態系には，細菌から植物，動物まで，さまざまな種の生物が生息している。 |
| 遺伝的多様性（遺伝子の多様性） | 同じ種であっても，各個体がもつ遺伝子には違いがあり，さまざまな形質が見られる。 |

種内の 遺伝的多様性 が高いと，絶滅する可能性は低くなり，生態系内の 種多様性 が保たれます。

💤寝る前にもう一度

⚙️ツルグレン装置で土壌動物の採取。
🌙生物多様性は，生態系，種，遺伝子の3レベル。

★ 今夜おぼえること

✿食う・食われる食物連鎖，

実際は食物網。

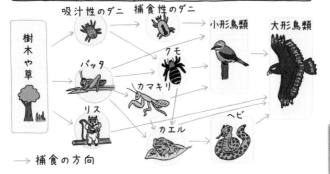

| 植物 | 植物食性動物 | 動物食性動物 |
|---|---|---|

吸汁性のダニ　捕食性のダニ　小形鳥類　大形鳥類

樹木や草　バッタ　クモ　カマキリ　リス　カエル　ヘビ

→ 捕食の方向

5章

●生態系のバランスを保つ，

キーストーン種。

> キーストーンはもともと建築用語。ここでは，
> 食物網の上位で，ほかの生物の生活に大きな
> 影響を与えるもののことだよ。

✿ 生態系を構成する生物には，食うもの（捕食者）と食われるもの（被食者）の関係があり，両者は連続的につながっています。このつながりを [食物連鎖] といいます。

実際の生態系では，食物連鎖は直線的ではなく，複雑な [網目状] になっており，[食物網] とよばれます。

捕食-被食で直接つながっていなくても，ある生物の存在が別の生物に影響を与えることがある。それを間接効果というよ。

☽ 食物網の [上位] にあり，生態系のバランスを保つのに大きな役割を果たす生物を [キーストーン種] といいます。

▲海岸の岩場に見られる食物網

ヒトデがいないと生態系のバランスが崩れ，生息する生物の種類が減ってしまうよ。

·····💤寝る前にもう一度·····
✿ 食う・食われる食物連鎖，実際は食物網。
☽ 生態系のバランスを保つ，キーストーン種。

### ★今夜おぼえること

## ❀食物連鎖の各段階，栄養段階。

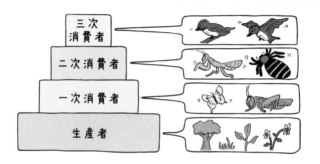

| | |
|---|---|
| 三次消費者 | |
| 二次消費者 | |
| 一次消費者 | |
| 生産者 | |

## ◐栄養段階，積み重ねると生態

## ピラミッド。

5章

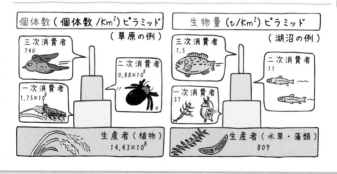

個体数（個体数/Km²）ピラミッド
（草原の例）
- 三次消費者 740
- 二次消費者 0.88×10⁶
- 一次消費者 1.75×10⁷
- 生産者（植物）14.43×10⁸

生物量（t/Km²）ピラミッド
（湖沼の例）
- 三次消費者 1.5
- 二次消費者 11
- 一次消費者 37
- 生産者（水草・藻類）809

145

❀生産者を食べる動物を 一次消費者 といい，一次消費者を食べる動物を 二次消費者 といいます。生産者，一次消費者，二次消費者のように， 生産者 を出発点とする食物連鎖（しょくもつれんさ）の各段階を 栄養段階 といいます。

カラスノ　　　アブラムシ　　　ナナホシ　　　　オニグモ
エンドウ　　　　　　　　　　テントウ

生産者　　　　一次消費者　　　二次消費者　　　三次消費者

☽ふつう栄養段階の 上位 のものほど個体数や生物量が少ないので，栄養段階が 下位 のものから順に積み重ねると， ピラミッド 状になります。個体数ピラミッドや生物量ピラミッドをまとめて， 生態ピラミッド といいます。

生物量は，一定面積あたりの生物の質量などで表される量だよ。

❀食物連鎖の各段階，栄養段階。
☽栄養段階，積み重ねると生態ピラミッド。

## ★今夜おぼえること

### ❇生態系の変動を一定範囲に保つ, 生態系のバランス。

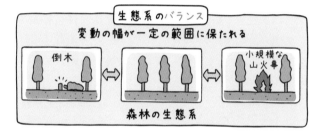

生態系のバランス

変動の幅が一定の範囲に保たれる

倒木 ⇔ ⇔ 小規模な山火事

森林の生態系

### ☽生態系破壊, 長い年月かけてもとに戻す, 生態系の復元力。

生態系の復元力

・種子の運び込み
・土壌中の種子の発芽

もとのバランスに!

5章

147

✿ 台風や火山の噴火，山火事のように，生態系に影響を与える外部からの要因を かく乱 といいます。生態系では，小規模な かく乱 と回復が常に起きていますが，この変動は一定の範囲内で保たれています。これを 生態系のバランス といいます。

☽ かく乱を受けても長い年月の間にもとの状態に戻ることを，生態系の 復元力 といいます。復元力を超えた かく乱 が起こると，もとの生態系に戻らず，新たなバランスが保たれます。

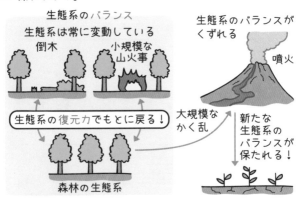

生態系のバランス
生態系は常に変動している
倒木　　　小規模な山火事

生態系の復元力でもとに戻る！

森林の生態系

生態系のバランスがくずれる

噴火

大規模なかく乱

新たな生態系のバランスが保たれる！

···💤 寝る前にもう一度···

✿ 生態系の変動を一定範囲に保つ，生態系のバランス。
☽ 生態系破壊，長い年月かけてもとに戻す，生態系の復元力。

★ 今夜おぼえること

## ✿生物濃縮で物質濃度上昇。

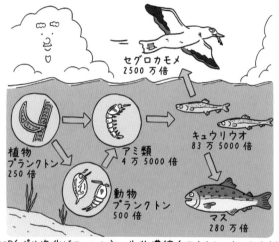

植物
プランクトン
250倍

アミ類
4万5000倍

動物
プランクトン
500倍

セグロカモメ
2500万倍

キュウリウオ
83万5000倍

マス
280万倍

▲PCB(ポリ塩化ビフェニル)の生物濃縮(アメリカ オンタリオ湖)

## ◗人間活動による人為的かく乱。

生物濃縮も人為的かく乱の
1つだね。

5章

149

## ★ 今夜のおさらい

✿ 生物体内に取り込まれた物質がまわりの環境より高い濃度で蓄積される現象を 生物濃縮 といいます。体外に排出されにくい物質は，食物連鎖 の上位のものほど 高濃度 になります。

初めは低い濃度でも
油断できないね。

☾ 生態系に影響を与えるかく乱のうち，人間の活動によって引き起こされるものを 人為的かく乱 といいます。

例 河川や湖沼への生活排水などの流入で，水にとけている酸素が大量に 消費 され，水生生物が生育できなくなる。
家畜などの 過放牧 による草原の砂漠化。
プラスチックの製品が海へと流出し，直径5mm以下の微小なプラスチック粒子となった マイクロプラスチック が生体内に取り込まれる。

人間活動と関係のないかく乱を 自然かく乱 といいます。

例 台風などでの 強風 による樹木の倒壊。
大雨による増水などで起こる河川の氾濫。

····· 😴 寝る前にもう一度 ·····
┌──────────────────────────┐
│ ✿ 生物濃縮で物質濃度上昇。              │
│ ☾ 人間活動による人為的かく乱。          │
└──────────────────────────┘

## ★今夜おぼえること

### ✪河川の環境守る，自然浄化。

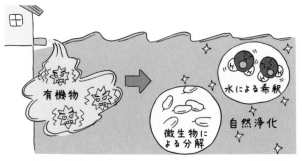

有機物

水による希釈

微生物による分解

自然浄化

### ☾富栄養化で赤くなったり（赤潮）青くなったり（アオコ）。

▲赤潮の原因となるプランクトン

赤潮

▲アオコの原因となるプランクトン

アオコ

5章

😊大量の水による希釈，分解者のはたらきなどで，河川
や海に流入した汚濁物質の量が（減少）していくことを，
（自然浄化）といいます。

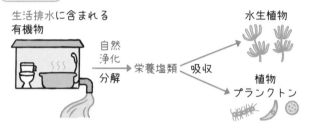

生活排水に含まれる
有機物

自然
浄化
分解

→ 栄養塩類

吸収

水生植物

植物
プランクトン

🌙河川や湖，海に，生活排水が大量に流入すると，窒
素やリンなどを含む栄養塩類が蓄積して濃度が高くな
ります（富栄養化）。富栄養化が進むと，（植物プランク
トン）が異常に増殖して，（赤潮）や（アオコ）が発生します。

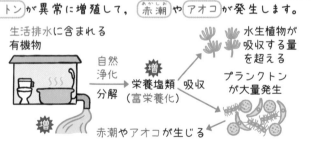

生活排水に含まれる
有機物

自然
浄化
分解

増 栄養塩類
（富栄養化）

吸収

増

赤潮やアオコが生じる

水生植物が
吸収する量
を超える
プランクトン
が大量発生

😴寝る前にもう一度
😊河川の環境守る，自然浄化。
🌙富栄養化で赤くなったり（赤潮）青くなったり（アオコ）。

152

## ★今夜おぼえること

### ✿$CO_2$の温室効果で，地球温暖化。

### ☽$CO_2$濃度上昇の犯人，化石燃料の大量消費と熱帯林の伐採。

5章

153

😊 温室効果 とは, 二酸化炭素 やメタンなどの 温室効果ガス が地表から放射された 熱 を吸収し, その一部を地表に再び放射することによって, 地表や大気の温度を上昇させることです。

地球温暖化のおもな原因は, 大気中の 二酸化炭素 濃度の増加に伴う 温室効果ガス の増加とされています。

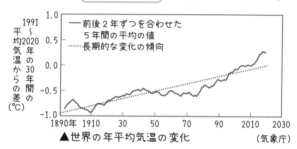

▲世界の年平均気温の変化 （気象庁）

🌙 近年の二酸化炭素濃度の増加は, 石油や石炭などの 化石燃料 の大量消費による排出量の 増加 と, 熱帯林 の大規模な伐採による吸収量の 減少 がおもな原因とされています。

💤 寝る前にもう一度

😊 $CO_2$の温室効果で, 地球温暖化。

🌙 $CO_2$濃度上昇の犯人, 化石燃料の大量消費と熱帯林の伐採。

★ 今夜おぼえること

## ✪ 外から来た外来生物。

**オオクチバス**
釣りの対象として移入。
捕食性や繁殖力が強いので，
在来種の魚が減少。

**フイリマングース**
ハブの駆除のために導入。
ハブ以外の小動物の個体数
に影響を与える。

## ☽ いなくなるかも，絶滅危惧種。

**アマミノクロウサギ**
フイリマングースなどに捕食
されてしまい，個体数が大
幅に減少。

**アホウドリ**
羽毛を取るために乱獲され，
個体数が減少。

5章

155

♣人間の活動によって，本来の生息場所からほかの場所へ持ち込まれ，定着した生物を外来生物といいます。外来生物が問題視されるのは，移入先の生態系に大きな影響を与え，生物多様性を脅かすおそれがあるからです。下の図は，奄美大島に導入したフイリマングースが，アマミノクロウサギを捕食して，アマミノクロウサギの個体数が大幅に減少した例を示しています。

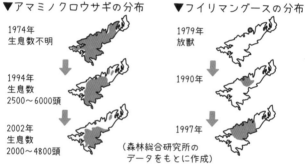

▼アマミノクロウサギの分布

1974年
生息数不明

1994年
生息数
2500～6000頭

2002年
生息数
2000～4800頭

▼フイリマングースの分布

1979年
放獣

1990年

1997年

（森林総合研究所の
データをもとに作成）

☾さまざまな原因によって，絶滅のおそれのある生物を絶滅危惧種といい，その危険性の高さを判定して分類したものをレッドリストといいます。レッドリストに基づき，分布や生息状況，危険度などを記載したものをレッドデータブックといいます。

···24寝る前にもう一度·····

♣外から来た外来生物。
☾いなくなるかも，絶滅危惧種。

★ 今夜おぼえること

## ✿熱帯林減少の原因は，伐採，農地への転用。

森林破壊

伐採

農地への転用

1年で約5.5万km²も失われているんだ。

## ☽生物の多様性を維持する里山。

5章

157

✿ 熱帯林の減少のおもな原因は，過度の 伐採 や農地へ の転用 とされています。熱帯林には，地球上の生物種の 半分 以上が生活しているとされており，熱帯林の減少で 多くの生物種が 絶滅 してしまうと推定されています。

大規模な森林破壊によって，種多様性が失われるよ。

☽ 農村の集落の周辺にあり， 人間 によって管理・維持 されてきた地域一帯を 里山 といいます。 人間 による適 度なはたらきかけにより， 多様な環境 が維持され，その環 境に適した生物が生活しています。

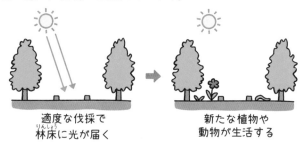

適度な伐採で
林床（りんしょう）に光が届く

新たな植物や
動物が生活する

✿ 熱帯林減少の原因は，伐採，農地への転用。
☽ 生物の多様性を維持する里山。

★ 今夜おぼえること

## ✪生態系から受ける恩恵＝生態系サービス。

| ①供給サービス | ②調整サービス | ③文化的サービス |
| --- | --- | --- |
| 人間の生活を支える資源の提供 | 人間の生活に適した環境の提供 | 文化や活動のもととなる環境の提供 |

④基盤サービス　生物が存在するための基盤の提供

酸素の供給

$CO_2$ → $O_2$

土壌の形成

## ☽生態系を保全する環境アセスメント。

❀人間が生態系から受けるさまざまな恩恵をまとめて
生態系サービス といい，下の表のように分けられます。

| 分類 | 例 |
|---|---|
| 供給 サービス | 水，食料，木材，医薬品など |
| 調整 サービス<br>（調節サービス） | 水質浄化，土壌流失の軽減，災害の制御など |
| 文化的 サービス | レジャー，レクリエーション，芸術など |
| 基盤 サービス | 光合成による酸素の供給，土壌の形成，栄養塩類の循環，水の循環など |

❱道路やダム建設などの開発は 最小限 にとどめ，開発
を行うときには生態系への影響を 最低限 に抑えることが
重要です。
日本では，大規模な開発を行う際に，それが生態系に与
える影響を事前に 調査 ，予測，評価し，環境への配
慮がなされることが 環境影響評価法 によって義務づけられ
ています。このような調査を 環境アセスメント （環境影響
評価）といいます。

···💤寝る前にもう一度·········
❀生態系から受ける恩恵＝生態系サービス。
❱生態系を保全する環境アセスメント。

## ★今夜おぼえること

### ✿持続可能な社会を築くための基礎

### =持続可能な開発。

持続可能な社会では，現在だけでなく，将来の世代も生態系サービスを使うことができるんだね。

### ☾持続可能な開発を目指すSDGs。

「生物基礎」に関係が深いのは，下の3つだよ。

5章

**13** 気候変動に具体的な対策を

**14** 海の豊かさを守ろう

**15** 陸の豊かさも守ろう

❇ 環境の保全と 開発 のバランスがとれ，将来 の世代に
対して継続的に環境を利用する余地を残すことができる
社会を，持続可能な社会 といいます。
現在と将来の両方の世代の欲求を満たすことのできる開
発を 持続可能な開発 といい，持続可能な社会を目指す
ための基礎となっています。

☽ 2015年の国連サミットで採択された SDGs （持続可能な
開発目標）は，持続可能な社会に向けた 国際目標 です。
SDGsでは，気候変動をおさえ，貧困や飢餓を撲滅するな
ど，17 のゴール（目標）があげられ，それぞれのゴールの
中には，さらに細かく具体的な 実施目標（ターゲット） が
設定されています。

SDGsは，「持続可能な開発目標
(Sustainable Development Goals)」
の略だよ。

·💤 寝る前にもう一度·····
❇ 持続可能な社会を築くための基礎＝持続可能な開発。
☽ 持続可能な開発を目指すSDGs。

# さくいん

編集協力：合同会社肼

表紙・本文デザイン：山本光徳
本文イラスト：山本光徳，うえたに夫婦，株式会社アート工房
DTP：株式会社明昌堂　データ管理コード：22-1772-0737（2021）
図版：株式会社アート工房，株式会社明昌堂
図版協力：数研出版株式会社，株式会社新興出版社啓林館
※赤フィルターの材質は「PET」です。

◆この本は下記のように環境に配慮して製作しました。
・製版フィルムを使用しないCTP方式で印刷しました。
・環境に配慮して作られた紙を使用しています。

## 寝る前5分 暗記ブック 高校生物基礎 改訂版